面向碳中和的氢能与燃料电池技术

吕小静　翁一武　编著

上海科学技术出版社

内 容 提 要

氢能作为一种可再生的清洁能源,在实现能源转型与碳中和可持续发展中具有不可替代的战略地位和作用,而燃料电池及氢动力是氢能高效利用的重要方法。本书基于氢能及燃料电池的发展背景、研究背景和学科背景,从国内外氢能发展规划、研究应用现状及发展趋势入手,对氢气制取和储运、氢燃料电池及动力集成技术应用与发展进行了详细的阐述和分析。

本书紧密结合当前发展前沿,内容翔实、数据丰富,可供氢能及燃料电池行业技术人员及行业管理决策人员参考阅读,亦可作为新能源专业学生的教材。

图书在版编目（ＣＩＰ）数据

面向碳中和的氢能与燃料电池技术 / 吕小静, 翁一武编著. -- 上海 : 上海科学技术出版社, 2024.5
ISBN 978-7-5478-6599-6

Ⅰ. ①面… Ⅱ. ①吕… ②翁… Ⅲ. ①氢能－燃料电池－研究 Ⅳ. ①TM911.42

中国国家版本馆CIP数据核字(2024)第072218号

面向碳中和的氢能与燃料电池技术
吕小静 翁一武 编著

上海世纪出版(集团)有限公司 出版、发行
上 海 科 学 技 术 出 版 社
(上海市闵行区号景路 159 弄 A 座 9F－10F)
邮政编码 201101 www.sstp.cn
上海普顺印刷包装有限公司印刷
开本 787×1092 1/16 印张 13.5
字数 250 千字
2024 年 5 月第 1 版 2024 年 5 月第 1 次印刷
ISBN 978－7－5478－6599－6/TM・81
定价: 98.00 元

前　言

为科学有序地实现"双碳"战略目标,我国的能源结构转型、电力技术替代等正面临着巨大压力和挑战。氢能作为零碳绿色二次能源,具有质量能量密度大、转化效率高、来源丰富和应用广泛等特点,正逐步成为全球能源转型发展的重要载体之一,也将深刻影响我国能源的应用前景。燃料电池直接通过电化学反应产生电能和水,可以突破传统热机的卡诺循环效率低、污染大等限制,具有燃料多样(天然气、生物质气、沼气、醇类、煤油、氨气等)、发电效率高、超静音等特点,是未来能源发电市场和氢能高效利用的主要方式。

本书围绕氢能产业背景介绍其相关的政策与发展情况,结合当前国内化石能源制氢产业链现状对未来的发展做出了展望。介绍了当前利用可再生能源制氢的技术路线与方案,分析了当前氢气的储运技术,阐述了当前氢燃料电池关键技术的研发进展与其在汽车、船舶、航空和分布式电站的未来发展方向。最后介绍了氢燃气轮机、氢内燃机与燃料电池-燃气轮机混合动力的系统应用技术,并对我国典型城市氢能进行了经济性分析。

本书主要内容以作者所在课题组 20 多年来在氢能转换与利用、燃料电池与燃气轮机混合动力领域的科研成果为基础,汇集了国内外最新的一些技术成果,尤其是国内的相关原创性科技成果;介绍了氢能产业链中制备、储运、应用,以及氢燃料电池技术,包括混合动力系统、燃料电池和其他动力循环所构成的高效绿色集成系统的新技术和新方法。

　　本书出版不仅可为从事氢能燃料电池与高效绿色集成系统的开发及应用的相关工程技术人员解决实际问题提供帮助,也为其研究提供新方向、拓展新思路,以期加速未来全球碳中和目标的实现。本书撰写得到了上海市节能中心的大力支持,在撰写初稿时还得到了一些助手和研究生的帮助,如米希聪、颜睿康、温家乐等。此书可作为能源利用部门有关技术人员的参考书,也可作为高等学校能源动力类专业学生的选修课教材。

　　本书涉及面广,作者水平有限,疏漏谬误之处在所难免,恳请使用本书的专家、读者批评指正。

目 录

7. 我国典型城市氢能经济性分析

参考文献

1. 绪 论

近年来,全球各地极端天气频发,为了实现到 21 世纪末控制全球升温在 2℃以内的目标,世界各国正全方位努力推动能源体系向化石能源低碳化、无碳化发展。尤其是在当前全球地缘政治复杂和局部地区爆发冲突的背景下,全球传统化石能源与新能源的生产与消费版图将重塑,传统煤炭与油气能源消费占比可能有所回升,新能源时代将加快到来。各国将重新认识能源安全的极端重要性,能源生产与消费将重新布局,且对其重视程度将提升到前所未有的高度,新能源技术革命与产业化将备受重视并进一步提速发展。

氢能作为一种可再生的、清洁高效的二次能源,具有资源丰富、来源广泛、燃烧热值高、清洁无污染、利用形式多样、可作为储能介质及安全性好等诸多优点,是实现能源转型与碳中和的重要能源。氢能技术不断成熟,逐渐走向产业化,同时伴随着世界面对气候变化和自然灾害加剧的压力持续增大,氢能得到了世界各国的重点关注,已成为许多国家能源转型的战略选择。

据国际能源署(IEA) *Global Hydrogen Review 2022* 报告和中国《氢能产业发展中长期规划(2021—2035 年)》[1] 的数据,全球年产氢气 $9\,000\times10^4$ t 左右,其中我国氢气的年产量为 $3\,300\times10^4$ t(达到工业氢气质量标准的约 $1\,200\times10^4$ t)。据 H_2 Stations 对全球加氢站的统计报告,2021 年全球新增加氢站 142 座,累计达到 685 座,其中亚洲保有量居第一,共有 363 座,集中在中日韩三国;欧洲共有 228 座,集中在德国、法国、英国、瑞士和荷兰。全球已经有超过 20 个国家或联盟发布或制定了《国家氢能战略》。美国很早就看好氢能在未来能源系统中所具有的得天独厚的地位和优势,积极抢占氢能产业链的市场空间和各技术环节的制高点。欧盟早期通过清洁能源立法,支持氢能发展与燃料电池。日本政府早在 2017 年就提出了"要领先全球,实现氢能社会"的战略,并出台了《氢能源基本战略》。中国在 2020 年将氢能纳入"十四五"规划及 2035 愿景,助力我国"碳达峰、碳中和"战略目标(以下简称"双碳"目标)的实现。尤其是,我国幅员辽阔,具有丰富的太阳能、风能、潮汐能等可再生能源资源,已建成的可再生能源装机容量位居全球第一,在清洁低碳的氢能供给上具有很大的潜力。

当前,我国已开启氢能产业顶层设计,地方政府与企业积极参与氢能布局,氢能技术链逐步齐全完善,氢能产业链也正在逐渐形成,"氢能中国"战略已悄然浮现。为了给氢能相关产业加快发展和能源公司加速转型提供理论支持,并为构建"氢能中国"提供依据和参考,本书阐述了氢产业链中制备、储运、应用等重点环节主要关键技术进展,分析了氢能工业化现状与发展趋势,探讨了氢工业发展所面临的挑战,展望了氢能产业的发展与未来,以期加速未来全球碳中和目标的实现。

1.1 我国氢能利用政策与发展

我国关于氢能的探究始于 20 世纪 50 年代。早期氢能的研究是为了服务我国的航天事业,利用氢气高热值的特点,将液态氢添加到火箭推进剂中使用,同时对氢能的民用一直处于了解探索阶段。"十三五"期间,关于氢能民用的相关政策逐渐显现,直至"十四五"规划期间,氢能在我国大力推广,政策逐渐增多[2]。图 1-1[3]描述了"十三五"后我国氢能产业政策的发展。我国部门或组织机构氢能相关政策见表 1-1。

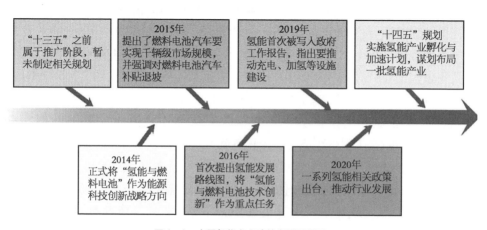

图 1-1 中国氢能产业政策发展历程图

表 1－1　中国氢能产业相关政策

部门或组织机构	政　　策	主　要　内　容
国务院	《关于2030年前碳达峰行动方案的通知》[4]	确定全国碳达峰整体战略规划,关注2030年整体目标,规划战略目标和使任务更加详细化、具体化
发改委、能源局	《能源技术革命创新行动计划(2016—2030年)》	将氢能列为15项能源技术革命重点任务之一,把可再生能源制氢、氢能与燃料电池技术创新作为重点任务
发改委	《"十四五"全国清洁生产推行方案》[5]	规划运用绿氢炼化等清洁无污染新型技术替代传统能源项目,并推进示范性项目的应用
能源局	《关于组织开展"十四五"第一批国家能源研创新平台认定工作》	明确能源未来研究方向为氢能一体化、产业化发展;同时确定氢能与可再生新能源共同发展技术
发改委、能源局	《"十四五"现代能源体系规划》	以攻坚氢能等前沿技术为核心,重点研究氢能相关技术及产业的攻克,推动氢能全产业链的发展
国资委	《关于推进中央企业高质量发展做好碳达峰碳中和工作的指导意见》[6]	关注氢能产业链一体化发展,完善制氢、储氢、运氢和用氢的体系,结合相关产业部署氢能示范项目
工信部	《"十四五"工业绿色发展规划》[7]	积极推广氢能等新型能源在各个行业的应用
发改委等	《关于扩大战略性新兴产业投资培育壮大新增长点增长极的指导意见》	加快新能源发展,加快制氢加氢设施建设

国务院印发《2030年前碳达峰行动方案》[4](简称《方案》),提出了非化石能源消费比重与能源利用效率提升、二氧化碳排放强度降低等主要目标。《方案》要求,将碳达峰贯穿经济社会发展全过程和各方面,重点实施能源绿色低碳转型行动、节能降碳增效行动、工业领域碳达峰行动、城乡建设碳达峰行动、交通运输绿色低碳行动、循环经济助力降碳行动、绿色低碳科技创新行动、碳汇能力巩固提升行动、绿色低碳全民行动、各地区梯次有序碳达峰行动等"碳达峰十大行动",并就开展国际合作和加强政策保障做出相应部署。

发改委、能源局印发《能源技术革命创新行动计划(2016—2030年)》,将氢能列为15项能源技术革命重点任务之一,把可再生能源制氢、氢能与燃料电池技术创新作为重点任务。使用可再生能源电解水制氢是氢能产业新的发展趋势,使用弃风、弃光、弃水打通制氢环节路线,可最大程度避免能源浪费,提高电解水制氢的经济性,符合绿色能源可持续发展需求。

经国务院同意,发改委联合生态环境部、工信部、科技部、财政部等部门印发《"十四五"全国清洁生产推行方案》[5],全面部署了推行清洁生产的总体要求、主要任务和组织保障,按照资源能源消耗、污染物排放水平确定开展清洁生产的重点领域、重点行业和重点工程,指明了"十四五"清洁生产推行路径,对于实现绿色低碳循环发展,助力实现碳达峰、碳中和目标意义重大。《方案》强调对能源、钢铁、焦化等重点行业推行"一行一策"绿色转型升级,促进重点行业二氧化碳排放尽早达峰。此外方案提出要大力推动燃料原材料的清洁替代、清洁低碳化改造等,持续提高新建和改扩建项目单位产品能耗、物耗、水耗等指标,达到国内先进水平乃至国际领先水平。

根据"十四五"能源领域科技创新规划相关部署安排和《国家能源研发创新平台管理办法》有关要求,能源局决定近期聚焦能源安全、"碳达峰、碳中和"目标等重大需求,围绕以新能源为主体的新型电力系统、新型储能、氢能与燃料电池、碳捕集利用与封存(CCUS)、能源系统数字化智能化、能源系统安全等重点领域,开展国家能源研发创新平台(包括国家能源研发中心和国家能源重点实验室)的认定工作,明确能源未来研究方向为氢能一体化、产业化发展;同时确定氢能与可再生新能源共同发展技术。

发改委、能源局印发《"十四五"现代能源体系规划》主要从 3 个方面推动构建现代能源体系:增强能源供应链安全性和稳定性,推动能源生产消费方式绿色低碳变革和提升能源产业链现代化水平。其中明确提出,未来规划锻造能源创新优势长板,强化储能、氢能等前沿科技攻关,实施科技创新示范工程。

国资委印发《关于推进中央企业高质量发展做好碳达峰碳中和工作的指导意见》[6](简称《意见》)明确提出了 2020 年到 2060 年中央企业绿色低碳循环发展的产业体系和清洁低碳安全高效的能源体系全面建立的几个步骤。《意见》提到要加快推动非化石能源发展。完善清洁能源装备制造产业链,支撑清洁能源开发利用。全面推进风力发电(风电)、太阳能发电大规模、高质量发展,因地制宜发展生物质能,探索深化海洋能、地热能等开发利用。坚持集中式与分布式并举,优先推动风能、太阳能就地就近开发利用,加快智能光伏产业创新升级和特色应用。因地制宜开发水电,推动已纳入国家规划、符合生态环保要求的水电项目开工建设。积极安全有序发展核电,培育高端核电装备制造产业集群。稳步构建氢能产业体系,完善氢能制、储、输、用一体化布局,结合工业、交通等领域典型用能场景,积极部署产业链示范项目。加大先进储能、温差能、地热能、潮汐能等新兴能源领域前瞻性布局力度。

工信部发布《"十四五"工业绿色发展规划》[7](简称《规划》),就"十四五"工业绿色发展目标和时间表、路线图做出具体部署。《规划》提出了工业降碳实施路径,用以推动煤炭等化石能源清洁高效利用,提高可再生能源应用比重,加快氢能技术创新和基础设施建设,推动氢能多元利用。

发改委、科技部、工信部、财政部四部委联合印发《关于扩大战略性新兴产业投资培育壮大新增长点增长极的指导意见》。意见指出,加快新能源发展,加快制氢加氢设施建设。

我国各省份氢能产业发展的起步时间不同,氢能产业与技术发展水平参差不齐。部分省份早在"十二五"期间就出台政策支持当地氢能利用和发展,而某些地区氢能产业与技术储备几乎为零。当前,氢能产业发展呈现"东强西弱"的局面,产业主要集中在京津、长三角、珠三角地区。随着"十四五"规划的发布,以及国家对氢能在未来能源体系中地位的确认,各省市都陆续发布氢能利用相关政策,支持当地的氢能发展[8]。

北京市发布《北京市氢能产业发展实施方案(2021—2025年)》和《北京市"十四五"时期高精尖产业发展规划》政策,以冬奥会和冬残奥会重大示范工程为依托,2023年前,实现氢能技术创新"从1到10"的跨越,培育5~8家具有国际影响力的氢能产业链龙头企业;推广加氢站及加油加氢合建站等灵活建设模式,在京津冀区域开展氢能与可再生能源耦合示范项目,推动在商业中心、数据中心、医院等场景分布式供电、热电联供的示范应用;开展绿氨、液氢、固态储供氢等前沿技术攻关,实现质子交换膜、压缩机等氢能产业链关键技术突破,全面降低终端应用成本超过30%。政策目标是2023年前力争建成37座加氢站,推广燃料电池汽车3 000辆;2025年前,京津冀区域累计实现氢能产业链产业规模1 000亿元以上,力争完成新增37座加氢站建设,实现燃料电池汽车累计推广量突破1万辆。

上海市发布《上海市综合交通发展"十四五"规划》和《上海市生态环境保护"十四五"规划》政策,加大氢燃料储运、加注等技术攻关力度,适度超前布局氢气加注设施,建成并投入使用各类加氢站超过70座;积极探索氢燃料电池的多场景、多领域商业性示范应用,在具备条件的公交、客运、重型货运、冷链运输、环卫、非道路移动机械等领域开展示范应用,燃料电池汽车应用总量突破1万辆。政策目标是到2025年建成运行70座以上加氢站,燃料电池汽车达到万辆级规模以上。

广东省发布《广东省制造业高质量发展"十四五"规划》和《广东省培育新能源战略性新兴产业集群行动计划(2021—2025年)》政策,推进丙烷脱氢等工业副产氢、谷电制氢及清洁能源制氢等氢源建设,整合利用省内大型化工氢源,提升低成本氢源供给规模化水平。政策目标是到2025年制氢规模约8万t,氢燃料电池约500万kW,储能规模200万kW·h,建成加氢站约300座。

重庆市发布《重庆市制造业高质量发展"十四五"规划》和《重庆市氢燃料电池汽车产业发展指导意见》,发挥工业副产氢资源优势,以商用车为切入,积极引育氢燃料电池发动机、氢燃料电池堆、质子交换膜、继电器、车载供氢系统等关键领域企业,加强氢气制备、氢气储运等氢燃料电池汽车应用支撑技术研发,促进燃料电池汽车加速工程化、产业化应用;重点发展高压轻量化储运氢设备、高效液氢制备和储运设备、金属氧化物储氢设备等氢能源技术装备,储能电池、抽水蓄能水轮机组等储能技术装备;积极探索油、气、氢、电综合供给服务路径;积极探索氢能在分布式能源应用场景,前瞻布局氢燃料发电站技术研发;核心配套方面发展氢燃料电池电堆,双极板、质子膜等及制氢、储氢、运氢、加氢等支撑技术及产品。

天津市发布《天津市科技创新"十四五"规划》和《天津市制造业高质量发展"十四五"规划》,研发高效低成本电解制氢、综合供能燃料电池、副产氢高纯化及应用、规模化氢能储存与快速输配技术装备,研究氢能"制—储—运—加"规模化集成技术;依托滨海新区临港、空港片区,以提升氢能应用示范和产业创新为核心,打造氢能应用先行区、京津冀氢能供给集散枢纽、燃料电池集成创新基地;扩大锂离子电池产业优势,壮大风电产业规模,强化太阳能产业集成,加快氢能产业布局。规划预计到 2025 年,产业规模达到 1 200 亿元,年均增长 8%。

1.2 国外氢能利用政策与发展

国外较早地注意到氢能这一清洁能源在未来能源体系的重要性,技术储充足,氢能制取—储运—利用的全产业链已初见规模。

随着各国陆续提出本国碳达峰碳中和的时间线,氢能产业在世界各国快速发展。其中,日本和韩国都致力于构建以氢能为核心枢纽的全新"氢社会"蓝图。表 1-2 列举了部分国家或组织在氢能发展中提出的部分政策,以及相关政策对本国的影响[9]。

表 1-2 国外氢能相关政策

国家或组织	政　　策	氢能发展方向
美国	《氢能项目计划》	氢能已上升到国家战略层面
欧盟	《欧盟战略能源技术计划》《欧洲氢能路线图》《气候中性的欧洲氢能战略》	积极利用自身优势加快氢能商业化进程

国家或组织	政　策	氢能发展方向
日本	《氢能源基本战略》《氢能/燃料电池战略发展路线图》《绿色增长计划》	推动氢能与其他能源耦合协同发展
韩国	《创新发展战略投资计划》《促进氢经济和氢安全管理法》《氢经济发展基本规划》	致力于打造世界最大交通和电力氢燃料电池市场
澳大利亚	《国家氢能战略》	创建氢能枢纽
新西兰	《塔拉纳基氢气路线图》	路线图勾勒"成为氢生产的领导者"愿景

1）美国

2020 年,美国能源部发布《氢能项目计划》,提出未来 10 年及更长时期氢能研究、开发和示范的总体战略框架。该方案明确了氢能发展的核心技术领域、需求和挑战及研发重点,并确立了氢能计划的主要技术经济目标。《氢能项目计划》设定了到 2030 年氢能发展的技术和经济指标。

美国是世界最大的氢气生产国和消费国之一。每年的氢气消耗量超过1 100 万吨,占全球需求的 13%,其中三分之二用于炼油,其余大部分用于氨生产。在原料方面,目前美国大约 80% 的氢气来源于天然气重整,其余的大部分是石油炼化工业的副产氢。

美国氢能技术产业链完善,氢能已上升到国家战略层面。为了确保在新兴技术领域的领先地位,美国十分重视氢能产业链上下游的相关技术培育,涉及氢气的生产、储运、燃料电池制造、燃料电池汽车及加氢站基础设施等。美国在氢燃料电池汽车市场、加氢站利用率等方面处于全球领先水平。目前,美国氢燃料电池汽车保有量全球第一,加利福尼亚州政府注重燃料电池消费市场的培育,持续给予多项政策支持,已成为全球燃料电池汽车推广最为成熟的地区。

2）欧盟

欧盟一直致力于清洁能源的发展,近年来已逐步明确氢能发展路线。2007年,欧盟委员会提出《欧洲战略能源技术计划》,将燃料电池和氢能作为重点支持的关键技术领域。2008 年,欧盟理事会通过决议建立"欧洲燃料电池和氢能联合组织",创立由欧盟委员会、产业协会、企业等共同组成的产业合作机制,推动氢能和燃料电池产业发展、应用,部署技术研发。2014 年,欧盟提出设立"欧洲共同利益重要项目",对事关欧盟未来经济和科技竞争力的关键技术、基础设施项目,在欧盟层面给予公共支持。相关产业界呼吁,欧盟应在未来 5～10 年,向与氢能相关的"欧洲共同利益重要项目"注入 50 亿～600 亿欧元。

2019 年,欧洲燃料电池和氢能联合组织主导发布了《欧洲氢能路线图:欧洲能源转型的可持续发展路径》报告,提出大规模发展氢能是欧盟实现脱碳目标的必由之路。该报告描述了一个雄心勃勃的计划:在欧盟部署氢能以实现控制2℃温升的目标,到2050年欧洲能够产生大约2 250 TW·h的氢气,相当于欧盟总能源需求的1/4。

2020年,欧盟委员会正式发布了《气候中性的欧洲氢能战略》政策文件,宣布建立欧盟清洁氢能联盟。该战略制定了欧盟发展氢能的路线图,分三个阶段推进氢能发展。第一阶段(2020—2024年),安装至少6 GW的可再生氢电解槽,产量达到100万t/年;第二阶段(2025—2030年),安装至少40 GW的可再生氢电解槽,产量达到1 000万t/年,成为欧洲能源系统的固有组成部分;第三阶段(2030—2050年),可再生氢技术应达到成熟并大规模部署,以覆盖所有难以脱碳的行业。

欧盟将氢能作为能源安全和能源转型的重要保障,积极利用自身优势,加快氢能商业化进程。欧盟在发展氢能方面有自身优势,一方面,风力和光伏发电发展快速,可以长期为绿氢的生产提供便利条件;另一方面,欧盟拥有较为完善的天然气基础设施,通过扩建可为氢能的运输提供支持。基于自身优势,欧盟在制氢、储运氢、氢利用和燃料电池等领域均取得了丰硕成果,并形成了完整的产业链,目前正积极进行商业化探索。

3)日本

从氢能研究到"氢能社会"构想,再到形成国家战略,日本大致经过了三个阶段。第一阶段受到石油危机触发,日本于1974年启动"阳光计划",酝酿并实施包括氢能在内的一系列能源研究项目。第二阶段为2003年发布《第一次能源基本计划》,首次提出"氢能社会"构想。第三阶段是2017年出台《氢能源基本战略》,将构想提升至国家战略高度。目前已逐步进入新阶段,即氢能战略的溢出阶段。

日本于2014年发布了《氢能/燃料电池战略发展路线图》,并于2016年和2019年做了更新,从《氢能/燃料电池战略发展路线图》可知,日本构建"氢能社会"依托于三个阶段的战略路线规划。第一阶段为推广燃料电池应用场景,促进氢能应用,在这一阶段主要利用副产制氢,或石油、天然气等化石能源制氢。第二阶段为使用未利用能源制氢、运输、储存与发电。第三阶段旨在依托可再生能源,未利用能源结合碳回收与捕集技术,实现全生命周期零排放供氢系统。计划到2025年建设320个加氢站。

2017年出台的《氢能源基本战略》明确了降低制氢成本的路线图和目标,旨在2030年降至30日元/m³,未来实现20日元/m³。2021年宣布《绿色增长计划》,提出在2030年氢能产量实现300万t的目标。为了支持这一目标,日本政府宣布了一项7 000亿日元的公共投资计划,支持日本氢气供应链发展。

在日本的战略路径中,不将氢能作为化石能源的替代能源,而是致力于推动氢能与褐煤等多种化石能源及可再生能源的耦合协同发展。另一方面,日本倾向于构建国际氢能供应链。从 2018 年起,日本已连续 3 年主办氢能源部长级会议,旨在主导并推动全球"氢能社会"发展。

4）韩国

2018 年,韩国发布《创新发展战略投资计划》,将氢能产业列为三大战略投资方向之一。

2019 年,发布《氢能经济发展路线图》,明确了制氢、加氢和燃料电池发展的目标。《氢能经济发展路线图》强调了两个优先事项,一个是建立氢市场,另一个是打造世界最大的用于交通和电力的氢燃料电池市场。根据该路线图,韩国政府计划将氢燃料电池汽车市场规模从 2018 年的 1 800 辆扩大到 2022 年的 8 万辆,到 2040 年达到 620 万辆。用于发电的氢燃料电池容量到 2040 年将达 15 GW。氢气的需求量 2030 年将达到 194 万 t,2030 年将达到 526 万 t。

2020 年 2 月,韩国颁布《促进氢经济和氢安全管理法》,这是全球首个促进氢经济和氢安全的管理法案,目的在于促进基于安全的氢经济建设,系统、有效地促进韩国氢工业的发展,为氢能供应和氢设施的安全管理提供支持,促进国民经济的发展。

2021 年,韩国发布首个《氢经济发展基本规划》,提出到 2050 年韩国氢能将占最终能源消耗的 33%,发电量的 23.8%,成为超过石油的最大能源,将在全国建立 2 000 多处加氢站。

5）澳大利亚

澳大利亚蕴含丰富的煤炭、天然气等化石能源资源,可用于制取大量的氢气;澳大利亚拥有完善的煤炭产业链及完善的天然气生产、液化、储运等基础设施及专业技术支持,可以在氢能产业链各环节发挥作用。澳大利亚政府高度重视氢能发展,总体氢能战略是大力发展清洁、创新、安全和有竞争力的氢能源产业,以新能源制氢、氢发电、氢出口作为重要策略,有潜力成为全球最大的氢气生产国之一。

澳大利亚于 2019 年 11 月发布《国家氢能战略》,确立了发展目标和具体行动,探索了清洁制氢的潜力,概述了快速扩大规模的计划,并详细说明了政府、行业和社区所需的协调行动,致力于消除氢能行业发展的障碍。作为该计划的一部分,政府已投资超过 13 亿澳元以加快国内氢产业的增长。该战略还强调了氢出口带来的重大机遇,政府正在通过与新加坡、德国、日本、韩国及英国发展国际伙伴关系来促进氢出口。

澳大利亚战略的一个关键要素将是创建氢能枢纽-大规模氢气需求的集群。这些设施可能在港口、城市或偏远地区,将为该行业提供扩大规模的跳板。氢能枢纽将使基础设施的发展更具成本效益,从规模经济中提高效率,加速创新,并从部门耦合中实现协同效应。在运输、工业和天然气分销网络中使用氢,并将氢技术以提高可靠性的方式整合到电力系统中。在促进国内需求的同时,还将支撑澳大利亚的出口能力,使澳大利亚成为全球领先的氢参与者。

6)新西兰

为应对气候变化和向绿色经济转型,新西兰政府确立了国家目标:一是到2030年,温室气体排放量比2005年的水平减少30%;二是到2035年,100%电力供应来自可再生电力;三是到2050年,实现零排放。新西兰的氢愿景是利用氢的机会,为新西兰创造一个可持续的、有弹性的能源未来。

新西兰于2019年3月宣布了《塔拉纳基氢气路线图》。这份路线图是由开发机构"投资塔拉纳基"、新普利茅斯地方议会、新西兰氢能公司 Hiringa Energy 和省级增长基金共同制定的。路线图阐述了该地区要如何利用现有的技术和基础设施成为氢生产的领导者。省级增长基金也已获得支持,以帮助发展塔拉纳基的氢燃料基础设施。政府正在塔拉纳基建立一个国家新能源发展中心,帮助新西兰向低碳未来过渡,还将设立一个新的科学研究基金,以促进新绿色能源技术的早期研究。

新西兰氢能发展路线图概述了新西兰利用氢的潜力建立可持续和弹性能源系统的指示性途径,并显示了不同的途径如何与政府战略的其他部分相结合。

1.3 我国氢能产业链状况

氢能的应用可以广泛渗透到传统能源的各个方面,包括交通运输、工业燃料、发电等,主要技术是直接燃烧和燃料电池技术。现在超过三分之一的中央企业已经在布局包括制氢、储氢、加氢、用氢等全产业链的布局,见表1-3。

表1-3 我国央企布局氢能产业链

产 业 领 域	重点布局企业
储运零售终端建设和运营	中国石化、中国石油
氢能产业及氢能设备	国家能源集团、中船重工(718所)
氢燃料电池及其核心部件	国家电投、东方电气、中船重工(712所)
终端应用(燃料电池汽车,列车,冶金)	东风集团、一汽集团,中国中车、宝武集团

　　氢能产业链较长,包括氢气制备、氢能储运、氢能加注及氢能利用等多方面,一般按上中下游对氢能产业链进行划分,如图 1-2 所示,制氢为上游产业,主要包括化石燃料制氢、工业副产制氢、可再生能源制氢、高温分解制氢及新兴制氢方式(如生物制氢等);储运氢为中游产业,主要包括高压气态储氢、低温液态储氢、固态储氢、有机液体储氢,氢能运输方式主要为车船运输和管道运输;氢能应用及加注为下游产业,主要包括加氢站建设、氢燃料电池和氢内燃机。我国氢能产业链整体虽然发展较快,但多个环节仍然存在问题,一些关键材料和部件依赖进口,关键技术未取得实质性突破,基础设施建设不足,这些都会对我国整体氢能产业的发展起到负面的作用[10]。

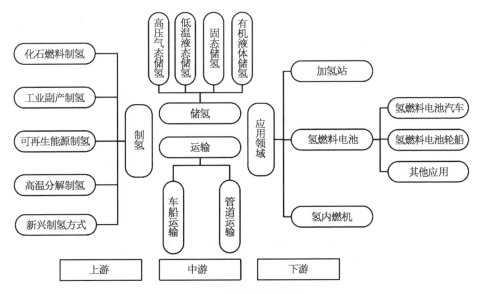

图 1-2　氢能产业链构成

　　图 1-3 展示了中国氢能源产业全景图谱。上游环节,氢气制取领域代表企业包括中国石化、中国石油、国家能源集团、宝武集团、河钢集团、华昌化工、中国旭阳集团等;氢气纯化领域代表企业包括创元科技、昊华科技、杭氧股份;氢气液化领域代表企业包括深冷股份、中泰股份。中游环节,气态储运领域代表企业包括中集安瑞科、中材科技、*ST 京城、天沃科技、亚普股份、巨化集团、斯林达、富瑞氢能、天海工业;液态储运领域代表企业包括富瑞特装、航天晨光、四川空分、中科富海;固态储运领域代表企业为有研集团;有机液氢储运领域代表企业为武汉氢阳。下游环节,加氢站建设领域代表企业包括中国石化、中国石油、舜华新能源、氢枫能源、国家能源集团、河钢集团、金通灵、科融环境、安泰科技、厚普股份等;压缩机领域代表企业包括开山股份、冰轮环境、雪人股份;氢燃

料电池汽车领域代表企业包括上汽集团、福田汽车、中通客车、上海申龙、宇通客车、重塑能源、亿华通、捷氢科技、潍柴动力、清能股份等。

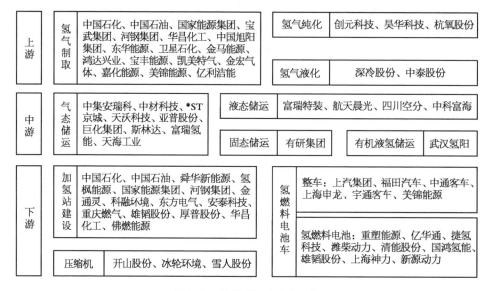

图 1-3 中国氢能源产业全图谱

从区域分布情况来看,我国氢能源生产企业主要分布在山东省、浙江省和广东省等地。其中,山东省等作为我国化工大省,凭借化工基础生产工业副产氢等氢能源,涉及氢气制取的企业较多。

从企业分布情况来看,我国氢能源行业代表性企业主要分布于北京为主的华北地区、川渝地区、江浙沪为主的华东地区及沿海一带。可以看出,华北地区氢能源代表企业多为上游氢气制取企业,其中北京在各环节均有布局。华东地区及沿海一带则全产业覆盖,其中下游加氢站、氢燃料电池汽车等应用方向的企业较多。

1.4 制氢现状

如图 1-4 所示,全球来看,目前氢能制备的主要途径还是依靠传统能源的化学重整,其中天然气重整占比约 48%,真正绿色途径的电解水制氢仅占 4%。而日本在电解水制氢方面脚步较快,其盐水电解制氢的产能占总产能的 63%。我国制氢则主要依赖煤气化制氢及工业副产制氢的方式,电解水制氢上我国应用得很少,仅约 1%。

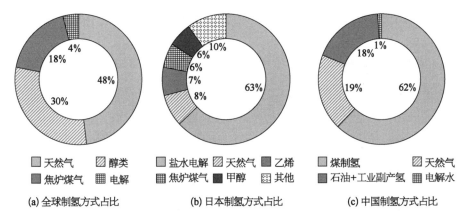

(a) 全球制氢方式占比　　　**(b) 日本制氢方式占比**　　　**(c) 中国制氢方式占比**

图 1-4　国内外制氢方式占比情况

工业副产制氢具有氢气提纯难度低、耗能低、自动化程度高及无污染的优势，但工业副产制氢的氢气产量受到主产物产量的限制，长期来看无法成为氢能供应的主要方式。由于化石燃料制氢存在环境污染问题，且我国部分地区可再生资源利用的提高造成光伏、风电发电成本降低，电解水制氢这种绿氢制备方式成为目前氢能制备领域最好的选择。如图 1-5 所示，近期氢能仍以化石能源制氢与工业副产制氢为主，随着可再生能源电解制氢的发展和推广及氢能大规模长距离运输的实现，氢能总产量上升，传统制氢方式占比减少，可再生能源电解制氢逐渐成为供氢主体。

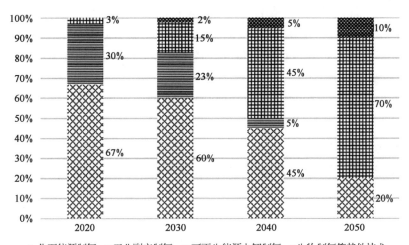

图 1-5　中国氢能供给结构预测

当前电解水制氢中设备成本和制氢成本中占比最大的分别是电解槽价格和电价，在碱性点解和质子交换膜电解方式中，电解槽分别占总设备成本的 50%

和 60%,两种电解方式制氢中电价分别占据制氢成本的 86% 和 53%(以电价 0.3 元/kW·h 计)。

1) 化石燃料制氢

我国煤制氢的主要企业有中国石化、国家能源集团、江苏恒力集团及山东利津石化。其中产量最大的为国家能源集团,目前年产超过 400 万 t 氢气,为世界首位,而中国石化产量为 300 万 t/年[11]。天然气制氢技术成熟,装置规模及产物指标见表 1-4。

表 1-4   化石燃料制氢装置规模

制 氢 方 式	装置规模/(N·m³/h)	氢气纯度
大然气制氢	50~50 000	99.999%(提纯前) 99.999 5%(提纯后)
天然气制氢	100~300 000	99.999 9%(提纯后)
天然气制氢 煤气化制氢	100~200 000	99.999 9%(提纯后)

煤制氢技术较为成熟,在我国相比天然气制氢而言成本低,煤制氢成本约 0.55~0.83 元/m³,而我国天然气较依赖进口,因此天然气制氢成本较高,约 0.8~1.75 元/m³[12]。

目前焦炉煤气制氢、氯碱尾气制氢等装置已经得到推广。当前氯碱工业副产氢生产成本约 1.1~1.4 元/(N·m³),计入 PSA 成本后综合成本约 1.2~1.8 元/(N·m³),而焦炉煤气提纯制氢综合成本约 0.83~1.33 元/(N·m³)。

2) 电解水制氢

当前国内电解水制氢三种技术路线中,碱性水电解槽(ALK)技术较为成熟,国内已实现供液化,苏州竞立、扬州中点、天津大陆制氢等公司当前单台最大产气量为 1 000 N·m³/h[13],但存在设备体积大及污染的问题。质子交换膜水电解槽(PEM)需要采用贵金属催化剂,成本较高,目前国内单台最大产气量为苏州国能圣源的设备,可提供 500 N·m³/h 产量[13],在单机能耗上,我国 PEM 制氢设备较优,但总体规模与国外仍有差距。随着国产质子交换膜技术的不断突破,长期看好 PEM 电解槽的成本降低和市场份额提高,并与光伏、风电等可再生能源发电方式相结合,发电成本及电价会持续下降,当电价降低至 0.3 元/(kW·h)以下时,电解水制氢具有较高的经济性。据产业发展报告预测,随着可再生能源发电产业的快速发展,可再生能源发电成本将快速降低,并在 2030 年光伏发电和风力发电成本分别降至 0.2 元/(kW·h)和 0.25 元/(kW·h),

电解水制氢的经济性也会随之提升。对固体氧化物水电解槽（SOEC）技术的研发国内外仍在进行，主要研发机构包括日本三菱重工、东芝、京瓷；美国 Idaho 国家实验室、Bloom Energy 公司；丹麦托普索燃料电池公司；韩国能源研究所；中国科学院、清华大学、中国科技大学等。

当前国内制氢方式相对于国外而言，在环保方面仍有不足，主要以传统化石能源制氢为主，结合工业副产制氢方式。出于环保的考虑，以及可再生能源发电的推广及发展造成电价的持续下降，电解水制氢成本降低，传统化石能源制氢方式产量正逐渐降低，并被可再生能源发电结合电解水制氢方式取代。电解水制氢方式中，PEM 电解制氢处在快速发展阶段，对 SOEC 电解技术国内外也在加快研发进度。

1.5　氢气储运现状

由于氢气的摩尔质量太低，标准状态下其体积能量密度较低。为了提高氢能的储存运输效率，目前储氢技术使用较多的是高压气态储氢、液态储氢、固态储氢等，氢能运输主要采用陆上运输、海上运输及管道运输。

各储氢方式特点见表 1-5[14]，低温液态储氢在国外应用较多，我国现阶段普遍采用技术较为成熟的高压气态储氢技术结合长管拖车运输的方式。这种储运方式在氢能需求量较小，运输距离较短的情况下具有较高的经济性，但随着氢能需求的增大、运输距离的增长，气态储运的经济性势必不能满足要求，液态储存方式结合海上运输或管道输氢的方式是氢能储运下一步的发展方向。

表 1-5　储氢方式对比

存储方法	单位质量储氢密度/%	体积储氢密度/(g/L)	优　点	缺　点
高压气态储氢	1.0~5.7	~25	技术成熟，能耗低，成本低	体积密度低，长途运输成本高
低温液态储氢	~5.7	~70.6	体积密度高，运输效率高	液化耗能大，易挥发，成本高
固体储氢	1.0~4.5	—	体积储氢密度高，安全	质量储氢密度低，成本高，吸放氢有温度要求，氢载体质量大
有机液态储氢	5.0~7.2	~60	储氢密度高，存储、运输方便，可循环使用	成本高，操作条件苛刻，有副反应可能

1）储氢产业

（1）高压气态储氢。

目前高压气态储氢方面，国外主流压力等级为 70 MPa 氢瓶，而国内主要采用 35 MPa 氢瓶，70 MPa 高压储氢在国内还在推广阶段。当前国内 35 MPa 储氢瓶生产公司主要包括中材科技、沈阳斯林达、京城股份等，其中沈阳斯林达已具备 70 MPa 储氢瓶生产资格。

（2）低温液态储氢。

低温液态储氢需要将氢气冷却降温至 20 K，使气态氢转变为液态，使用具有极高保温效果的低温储罐存储。低温液态储氢可将气态氢体积压缩 800 倍，能量密度远高于高压气态氢气，但在液化以及运输的过程中会存在很大的能耗，当前将 1 kg 氢气液化需耗电 4~10 kW·h，且液态氢过低的温度在储存和运输过程中也会从外界吸热造成蒸发，这对保温材料有极高的要求。

图 1-6 展示了液氢的产业现状和占比，如图所示，目前国外储氢采用低温液态储氢占大多数，其中又以美国市场占比最大，以其两个低温液氢巨头公司 AP 和 PRAX 为代表[15]。亚洲市场份额中，日本占据三分之二。我国当前低温液氢存储方面相比国外较为落后，国内低温液氢的产量还很少，几乎全部应用在军用航空领域，且在低温液氢的生产成本上我国相比美国差距很大，约为美国的 20 倍。鸿达兴业在内蒙古投资的国内首个民用液氢生产项目于 2020 年 4 月顺利产出液氢[16]，这也标志着我国液氢生产成本开始降低。

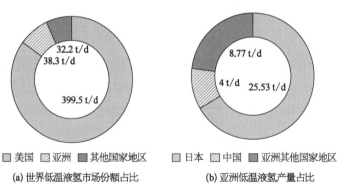

美国	亚洲	其他国家地区

(a) 世界低温液氢市场份额占比

日本	中国	亚洲其他国家地区

(b) 亚洲低温液氢产量占比

图 1-6　世界与亚洲低温液氢产量分布

（3）有机液态储氢。

有机液态储氢利用有机液体（环己烷、甲基环己烷等）与氢气进行可逆加氢和脱氢反应，实现氢的储存。这种储氢方式的优势在于储氢密度比较高（可达到 18 wt% 的储氢密度）、安全性高，但往往需要配备相应的加氢脱氢装置，流程繁琐，效率较低，抬高储氢成本，影响氢气纯度。

（4）固态储氢。

固态储氢方式利用某些金属较强的捕捉氢气的能力,这些金属不需要很高的温度和压力便能吸收大量的氢气,生成金属氢化物,而再次对其加热便能将吸收的氢气释放。常用的储氢材料有稀土类化合物、钛系化合物、镁系化合物及钒、铌等金属合金。这种储氢方式存在一些缺点,如合金自身重量较高,造成单位质量储氢密度低,还有些金属氢化物脱氢需要很高的温度。

国内固态合金储氢还在研发阶段,主要包括应用稀土材料的北京浩云金能、厦门钨业,镁基材料的镁源动力、镁格氢动。

2）氢气输运产业

（1）车船运输。

当前无论国内还是国外,采用车辆的陆上运氢占大多数,只是国内大多为高压气氢运输,国外液氢技术较为成熟的国家大多采用液氢槽车运输。液氢槽车运输的方式单趟可运输更多的氢,经济性更高。

各储运氢方式的特点见表1－6。即便采用当前运量较大的液氢槽车进行运输,其单趟运量也仅在数吨以内,而采用液氢运输船进行海上运输,单趟运量可达到百吨甚至更多,这种运氢方式相比液氢槽车单趟可运输更多的氢能,且可以实现全球转运。海上运输除了运量和距离的优势外,还可以脱离危化品道路运输的限制。

表1－6　各种车船运输方式比较

运输方式	储存方式	运　量	应用状态	特　点
车辆运输	高压气态	$250 \sim 460$ kg/车	应用广泛	运量小、短途运输
	低温液态	$360 \sim 4\,300$ kg/车	国外较多、国内很少	液化成本高、能耗高
铁路运输	低温液态	$2\,300 \sim 9\,100$ kg/车	国外很少、国内没有	运量较大
船舶运输	低温液态	$>10^5$ kg/船	尚无	运量大、需高绝热技术
	有机液态		国外少量	运量大、需加氢脱氢反应

近年日本开展的海上氢能供应项目较多,在澳大利亚、新西兰、挪威、文莱等国均开展有海上供氢项目,但这些项目均为有机液态储氢,而非低温液态储氢。日本首艘低温液氢运输船已于2019年底下水,国内在海上运氢方面尚未有应用。

（2）管道运输。

管道运输氢气的方式是成本最低的运输方式,最适宜大规模、长距离的氢气运输,但此方式依赖于整体用氢系统规模的成型。管道输氢存在前期较高的建设费,由图1-7(a)可看出,输氢成本随着管道长度增加而降低,管道长度从25 km至500 km,输氢单位成本可从百公里2.75元/kg下降至百公里0.48元/kg,当运输距离达到300 km以上时,单位成本降至百公里0.5元/kg。国内已有少量的氢气运输管道,如中国石化济源—洛阳输氢管道全长25 km,巴陵—长岭输氢管道全长42 km,年输气量分别为4.42万t和10.04万t。图1-7(b)对目前三种运氢方式的单位成本进行对比,可看出,管道运输始终是单位成本最低的方式,而运输距离在300 km内,高压气氢管束车运输单位成本较低,300 km以上液氢槽罐车单位成本要低于管束车。

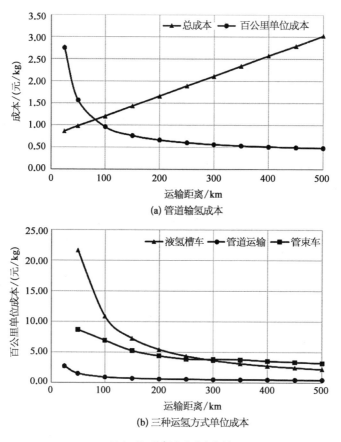

(a) 管道输氢成本

(b) 三种运氢方式单位成本

图1-7　输氢方式成本分析

　　国内氢能储运方式主要为高压气态储氢结合管束车运输,且主要采用35 MPa高压储氢方案,70 MPa储氢罐初步实现量产。国外以低温液态储氢结合液氢槽车运输居多,而我国液氢民用刚刚起步,且液化成本相比美国也高出许多。但目前采用的高压气氢储运方式运量过低,各相关企业都在追求技术突破,实现液氢储运或管道输氢。随着氢能应用端的扩张,氢能需求增大,长距离供氢管网和液氢海上船舶运输均为未来发展方向。

1.6 氢气应用现状

加氢站是氢能应用最重要的基础设施,我国目前全部采用气氢加氢站,采用外供氢,加氢站中的压缩机主要还是依赖进口。国外液氢加氢站主要在美国和日本。氢燃料电池在产业补贴和国家政策支持等措施下,近些年在国内发展十分迅猛,与国外的技术差距正在逐渐减小。随着氢燃料电池产业发展,氢燃料电池价格不断下降,这也给氢燃料电池在船舶、航空、轨道交通等领域的应用提供了很好的契机。氢能在其他方面的应用,如依托燃料电池技术,建立分布式能源网络,做到区域或城市电力、热能和冷能的联合供应等,在国内占比较少。

1)加氢站产业

加氢站是整个氢能应用生态系统的基础,向用氢设备供氢。氢能系统的发展必然离不开加氢站的建设,政府也提出对加氢机基础设施的补贴。近些年,我国每年新建成加氢站数量快速增长,如图 1-8 所示,截至 2020 年,建成加氢站 118 座(不含已拆除的 3 座),在建和拟建加氢站有 167 座之多,数量上广东和上海占据前两位,加氢站建设投入较多的地区也将会成为推动整个氢能产业发展的主力。

目前国内加氢站保有数量较国外存在些许差距,且国内加氢站全部采用高压气态氢气,受制于政策及技术问题,没有采用液氢加氢站。但国外,如美国,液氢加氢站技术较为成熟,后续建设加氢站上液氢加氢站数量将超过高压气态加氢站。国内从事加氢站建设的企业主要包括舜华新能源、国富氢能、氢枫能源、海德利森、中极氢能、雄韬股份等[17]。

2)氢燃料电池

氢燃料电池不同于传统热机,能量转换效率不受到卡诺循环的限制,可达到 40%~60%,且具有震动小、无噪声、无污染等优点。氢燃料电池应用范围广泛,小至便携式电源、可移动电源,大到氢燃料电池动力船舶、氢燃料电池发电站。当前氢燃料电池应用最多的领域是小型无人机和氢燃料电池汽车,在实船应用上还没有达到相当成熟的阶段,多个国家都在开展氢燃料电池在大型船舶上的应用工作。

氢燃料电池汽车是当前国内氢燃料电池的主要应用领域,但在车用燃料电池技术上,仍是国外较为领先,以日本为代表,本田和丰田均有较为成熟的氢燃

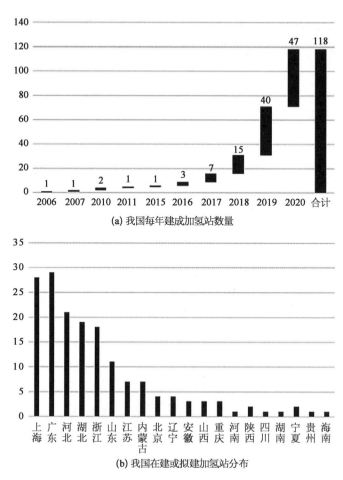

(a) 我国每年建成加氢站数量

(b) 我国在建或拟建加氢站分布

图1-8　我国加氢站建设情况(截至2020年)

料电池汽车产品。目前国内电堆供应商主要为捷氢、新源动力、广东国鸿、潍柴动力等,捷氢于2020年发布的金属板电堆,功率密度达3.8 kW/L,实现双极板和膜电极100%自主化与国产化、−30℃低温启动和6 000 h耐久测试。大同氢雄研发的130 kW大功率燃料电池发动机已经进入量产程序。表1-7列出了国内外一些主要的氢燃料电池电堆产品特性参数,六款电堆均为车用燃料电池电堆,其中Mirai二代、PROME M3H与HYMOD-110均为2020年新发布。

表1-7　国内外氢燃料电池电堆产品及参数

参　数	丰　田	丰　田	本　田	现　代	捷　氢	新源动力
产品型号	Mirai 一代	Mirai 二代	Clarity 第三代	NEXO	PROME M3H	HYMOD-110
额定功率	92 kW	−	80~90 kW	75~85 kW	115 kW	110 kW

参 数	丰 田	丰 田	本 田	现 代	捷 氢	新源动力
峰值功率	114 kW	128 kW	103 kW	95 kW	130 kW	120 kW
体积功率密度	3.1 kW/L	4.4 kW/L	3.1 kW/L	2.8 kW/L	3.8 kW/L	4.2 kW/L
寿命	5 000 h	—	5 000 h	5 000 h	10 000 h	5 000 h
双极板	金属	金属	金属	金属	金属	金属

氢燃料电池船舶方面,中国船级社在 2019 年海事展上发布了 500 kW 内河燃料电池货船的 AIP 原理认可,属于国内首例,国际领先,此船储供氢和动力系统由中船动力研究院有限公司设计。该船动力系统采用直流电网型式,由 4 组 135 kW 氢燃料电池与 4 组 315 kW·h 锂电池组供电,锂电池组靠岸采用岸电快充可在 2 小时内充满,储氢系统采用 35 MPa 高压气态储氢,储能可提供船舶续航 140 km。当前,欧美各国也已经将采用氢燃料电池作为动力源的中型、大型船舶方案列为下一步的工作目标。

3) 氢内燃机

氢内燃机的基本原理与普通汽油或柴油内燃机的原理一样,是基本的气缸-活塞式的内燃机,将化学能转化成机械能,只是氢内燃机里的燃料是氢气。表 1-8 对氢内燃机的一些优缺点做了描述,由于可从传统内燃机经掺氢内燃机过渡至纯氢内燃机,氢内燃机在成本和产业链成熟度上要比氢燃料电池更有优势。

表 1-8 氢内燃机优势与劣势

优势	成本	汽油机<氢内燃机≪氢燃料电池
	燃料适应性	纯氢、天然气掺氢、氢与其他混合
	环保	无 CO_2、CO、HC 等排放
	其他	无须热机、无冷启动问题
劣势	效率	能量转换效率<氢燃料电池
	其他	易早燃、易回火、NOX 排放高

氢内燃机在车辆和发电领域都有所应用。20 世纪初就有将氢作为燃料在发动机中进行的实验,从宝马到马自达再到福特、沃尔沃都有过氢内燃机汽车的应用。我国 20 世纪 80 年代开始,一些高校和科研院所对氢内燃机和燃氢双

燃料内燃机进行研究。2000 年后,以北京理工大学和长安汽车集团为代表,在氢内燃机车辆方面做出了一些研究成果。

1.7 中国氢能产业展望

我国丰富的海洋资源、风力资源及太阳能资源,这都会给氢能的发展提供良好的基础条件。虽然我国氢能产业仍然处在发展的初期,但发展前景十分广阔。

在"十四五"规划和 2035 远景目标纲要中,明确指出加速氢能未来产业孵化及产业布局。实现 2030 年碳达峰与 2060 年碳中和的目标,也必然与氢能产业的发展、氢能生态的建立密切相关。

在推动氢能生态建立的同时,仍需要解决较多问题。基础设施的建设、氢能的储运技术、氢能供应网络等需要加强关注,一些关键零部件、关键技术如氢循环泵、氢气液化技术、液氢储存转运技术等,也会成为产业发展的命脉,需要进一步的突破。同时近些年氢能汽车的发展迅速,对氢能的应用需从车辆向航空、海运等整个交运领域扩展,氢能飞机、氢能船舶作为新能源交运设备,在技术与市场两方面对我国而言都是较大的机遇,同时也存在挑战,深空深海装备同样如此。另外在高温氧化物燃料电池的热电联供方面我国还需要做大量工作,从微型热电联供至大型电站化热电联产,并逐步实现氢能社会的构建。推动氢能产业发展可将氢能与其他清洁能源相结合,如光伏、风能通过电解水制氢,使氢能从生产到应用实现全周期绿色。

2.氢气制取技术

　　氢可以由各种技术产生,不同制氢技术所使用的制氢原料及制氢工艺大有不同。如图2-1所示,制氢技术按制氢的主要原料可分为化石能源制氢和可再生能源制氢。在制氢环节上,以焦炉煤气、氯碱尾气制氢为代表的"灰氢",是氢能产业的起步阶段;使用煤或天然气等化石燃料生产"蓝氢"并结合碳捕集利用与封存技术(CCUS)实现碳中和,是氢能产业的过渡阶段;使用可再生能源或核

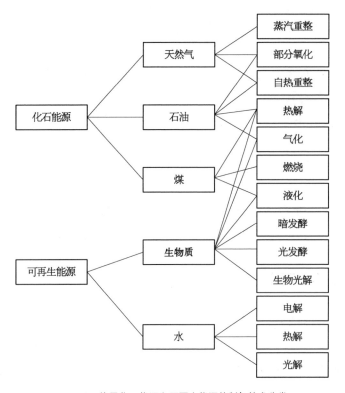

图2-1　使用化石能源和可再生能源的制氢技术分类

能生产"绿氢",是氢能产业的终极阶段。表2-1总结了上述三者的主要原料、相关工艺和二氧化碳排放。

表2-1　三种类型氢气对比

氢气类型	绿　氢	蓝　氢	灰　氢
来源	可再生能源或核能制氢	化石能源+CCUS	化石能源制氢
成本/(kg/元)	30~41.6	11.5~15.4	7.7~11.5
占比/%	4	15	66
制1 kg氢气所产生的二氧化碳排放量	0	1~5	11~21
技术就绪水平(TRL)[18]	商业化(TRL 9)	工业等级(TRL 8~9)	商业化(TRL 9)

目前,全球每年生产氢约为1.17亿t,其中副产氢0.48亿t,专门制氢约为0.69亿t。全球约98%的纯氢是通过碳密集型方法,使用天然气或煤为原料生产的"灰氢",其余2%的氢能则是通过电解方式生产的"绿氢"。中国每年约生产2 500万吨氢,其中灰氢约占96%以上。目前制氢原料仍以化石燃料为主,存在制氢成本高、碳排放污染等问题,而氢能产业可持续发展的前提是清洁无污染,制氢原料应从化石燃料向可再生能源方向逐渐转变。此外结合我国可再生能源装机容量不断增大而出现的大量弃风弃光现象,如果能够将弃风弃光所发电力用于电解水制氢(绿氢),制取经济性也非常可观。因此,长远来看,随着碳达峰、碳中和工作的推进,"绿氢"将成为氢能应用的主流选择。

"绿氢"将可再生能源通过太阳能电池、风力发电机、水泵等发电机组转换成电能,通过电解水制氢设备转换成氢气或是从工农业有机废物或生物质等可再生资源中制取氢气,将氢气储存或直接输送至氢气应用终端,作为电力或交通运输燃料、化工原料等以满足各行业对于氢能的需求。

2.1　传统制氢技术

2.1.1　化石燃料制氢

化石能源制氢是指利用煤炭、石油和天然气等化石燃料,通过化学热解或者气化生成氢气。化石能源制氢技术路线成熟,成本相对低廉,是目前氢气最主要的来源方式,但在氢气生产过程中也会排放大量的二氧化碳。因此所制得的氢气产品被称为"灰氢"。借助碳捕集与封存技术(CCS),可以有效降低该制氢方式的碳排放量,将"灰氢"转变为"蓝氢",以实现未来能源的可持续发展。预计在未来相当长一段时间内,化石能源制氢仍然将是氢气的最主要来源方式。

1) 煤制氢

煤制氢以气流床粉煤、水煤浆气化工艺为主,纯氧条件下,原料煤在1 300~1 500℃条件下,反应生成以 CO、H_2 为主的有效气,干基有效气含量为83%~91%(除说明外,均指体积分数)。经变换装置将合成气中 CO 在 Co-Mo 催化剂条件下转换为 H_2,通过低温甲醇洗将 CO_2 及 H_2S 脱除后送入变压吸附(PSA)提氢装置,煤制氢工艺流程如图2-2所示。

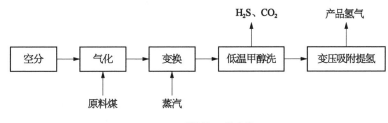

图2-2　煤制氢工艺流程

煤制氢过程中主要发生的有效反应如下:

气化(蒸汽混合)　　　　$C + H_2O \longrightarrow CO + H_2$ 　　　　　　　(2-1)

气化(氧气混合)　　　　$C + \dfrac{1}{2}O_2 \longrightarrow CO$ 　　　　　　　　(2-2)

WGS 变换　　　　　　$CO + H_2O \longrightarrow CO_2 + H_2$ 　　　　　　(2-3)

在煤制氢的 WGS 变换步骤中,不仅需要催化剂具有可靠的活性和寿命,而且由于煤中含有硫元素,对催化剂的抗硫能力亦提出了额外的要求。采用 Co-Mo 催化剂体系的宽温耐硫变换工艺具有卓越的抗硫能力与宽适用温度范围(200~550℃),目前被广泛用于煤气化制氢系统中。经 WGS 变换后,气体产物主要通过低能耗的低温甲醇清洗,同时实现对 CO_2 和含硫气体的脱除。

煤制氢技术发展已经有200余年,技术已相当成熟,是目前最经济的大规模制氢技术之一,尤其适合于诸如中国等化石能源结构分布不均、多煤炭而少油气的国家。煤炭资源的丰富储量和低成本使得煤气化制氢工艺具有更好的经济优势,其产氢成本仅为8.3~19.5元/kg。但该技术所需设备投资随着煤制氢规模的扩大而上升,这一点也不容忽视;此外,大量 CO_2 与含硫污染物的排放也是一大困扰。为了降低能耗、提高煤制氢效率,煤超临界水气化将是煤制氢技术的关键攻关方向。

2) 甲烷制氢

甲烷作为天然气的主要成分,在所有碳氢化合物中具有最高的氢元素占比。因此以天然气为原料的甲烷制氢方法具有高制氢效率、最低的碳排放量、适用于大规模工业产氢等优点。制氢方法主要有蒸汽重整反应(SRM)、部分氧化重整反应(POM)和自热重整反应(ATR)三种,三种重整反应优缺点对比见表 2-2。

表 2-2　三种重整反应优缺点对比

技术分类	优　　点	缺　　点
蒸汽重整反应	① 工业应用经验最为丰富 ② 反应过程无须氧气 ③ 最低的反应温度 ④ 最高的 H_2/CO 比率	① 最高的空气污染物排放 ② 系统质量较大 ③ 需要外部热源 ④ 启动速度慢
部分氧化重整反应	① 较高的硫化物耐受能力 ② 无须外部热源 ③ 最为紧凑的系统结构 ④ 系统启动速度快	① 较低的 H_2/CO 比率 ② 最高的反应温度 ③ 容易发生结焦反应 ④ 反应需要空气或氧气 ⑤ 反应过程生成过多热量
自热重整反应	① 适中的反应温度 ② 无须外部热源 ③ 较高的 H_2/CO 比率 ④ 较为紧凑的系统结构	① 技术成熟度较低 ② 反应需要空气或氧气

其中,以天然气(主要成分为甲烷)为原料的制氢技术对环境的影响相对较小,且发展最为成熟,据统计,全世界大约 40% 的氢气由天然气制氢技术获得。

由于蒸汽重整具有良好的工业化进程、相对经济的生产成本及高达 70%~90% 的制氢效率,是现代工业最常用的天然气制氢方法。该法是在水蒸气 700~900 ℃ 的温度和 3~35 bar 的压力下,将碳氢化合物重整为一氧化碳和氢气。典型的多相催化剂为镍和贵金属合金,如 Ni/Al_2O_3[19] 或 Ru/ZrO_2,其主要工艺步骤如图 2-3 所示。

除了甲烷,天然气还由不同的烷烃(乙烷、丙烷、丁烷)、惰性气体(氮气、氦气)及酸性气体(主要是二氧化碳和硫化氢)组成。硫化氢作为下游工艺的进料成分,表现出特别不利的影响,因为硫化合物通过化学吸附到催化剂活性表面的金属中心而导致催化剂中毒。因此,必须从烃类进料中去除硫化氢。通常,

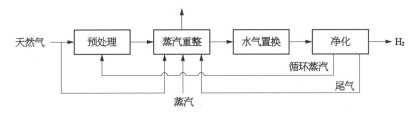

图 2-3 甲烷蒸汽重整制氢的主要工艺步骤

硫化氢通过加氢处理或吸收活化氧化锌去除。

在对原料进行适当的预处理后,就开始了蒸汽重整步骤。下式给出了天然气重整反应及水气置换反应的化学方程式。这一步是强烈的吸热反应,因此,需要大量的外部热量供应。热量通常以蒸汽或通过外部加热反应器的形式引入系统,常见的燃料是天然气和氢气净化产生的废气。

$$C_nH_m +{}_nH_2O \rightleftharpoons nCO + \left(n + \frac{m}{2}\right)H_2 \qquad (2-4)$$

$$CH_4 + H_2O \rightleftharpoons CO + 3H_2 \qquad (2-5)$$

$$CO + H_2O \rightleftharpoons CO_2 + H_2 \qquad (2-6)$$

为了生产纯氢气,需要最终的纯化步骤。根据应用领域的不同,可以选择冷冻、气体洗涤器、甲烷化、选择性催化氧化、变压吸附、氢化物存储和膜扩散等方法。

现阶段,天然气重整制氢约占全球氢气产量的48%,具有技术成熟度高、成本低等优点。在各类天然气制氢技术中,传统甲烷蒸汽重整制氢是最经济的方法,但制氢过程需吸收大量的热,导致能耗较高,同时会排放 CO_2,全生命周期 CO_2 排放量占整个制氢过程中所排放污染物的86.58%。在将来很长一段时间内,甲烷水蒸气重整依然会广泛应用于工业化大规模制氢。因此,在保证制氢效率的同时尽可能降低 CO_2 排放量是十分重要的。

3）柴油制氢

由于天然气难以压缩和运输,甲烷制氢主要应用于大型、固定式制氢领域,不太适用于汽车、船舶等移动式领域。相比较而言,同属化石燃料的柴油重整制氢则具有更为显著的优势。首先,由于理论质量储氢密度更高,柴油是一种更为理想的制氢原料;其次,作为一种液态燃料,柴油的存储和运输更为高效和便捷,可广泛应用于固定式和移动式领域;此外,相比于天然气,柴油安全性更好,加之基础设施更为成熟,基于柴油重整的燃料电池更易于推广使用。因此,柴油重整制氢技术被认为是燃料电池氢源技术的重要发展方向,可广泛应用于汽车、船舶、分布式发电等民用领域及常规潜艇、舰船等军事领域，相关技术的研究和开发从基础设施建设、燃料补给保障、国家能源结构转型及国防战略安全背景等角度均具有重要的现实意义。

为得到纯度较高的氢气，完整的柴油蒸汽重整实际上包含三个独立的反应过程[20]，分别为合成气制备反应、水煤气变换反应以及一氧化碳优先氧化反应（CO-PROX），分别如下式所示。

$$C_mH_n + mH_2O \longrightarrow \left(m + \frac{1}{2}n\right)H_2 + mCO \quad \Delta H_{298K} \approx + 150\ kJ/mol$$

$$(2-7)$$

$$CO + H_2O \longrightarrow CO_2 + H_2 \quad \Delta H_{298K} \approx -41\ kJ/mol \quad (2-8)$$

$$CO + 3H_2 \rightleftharpoons CH_4 + H_2O \quad \Delta H_{298K} \approx -206\ kJ/mol \quad (2-9)$$

$$CO-PROX \quad CO + 0.5O_2 \longrightarrow CO_2 \quad (2-10)$$

现阶段，柴油蒸汽重整的详细机理还不十分明确，不过研究人员普遍认为，柴油中的碳氢化合物进入重整器后，会不可逆地吸附在催化剂表面，并发生重整反应，生成C1化合物，C1化合物随后会在催化剂表面发生化学反应转化为气态的一氧化碳，由于受到反应器材料的限制，合成气制备反应温度通常控制在760~925℃。

由于一氧化碳会毒化质子交换膜燃料电池的阳极催化剂，因此合成气中的一氧化碳含量必须控制在10 μL/L以下。为此，通常会设置一氧化碳净化系统对一氧化碳进行脱除，该系统一般包含两个水煤气变换反应器。水煤气变换反应主要分两个阶段完成，第一阶段在高温下进行，采用铁基催化剂，反应温度约为350~450℃（HTWGS），第二阶段在低温下进行，采用铜-锌催化剂，反应温度为200~250℃（LTWGS）。水煤气变换反应可以将合成气中的一氧化碳浓度降低至3 000 μL/L以下，同时还可以产生一定量的氢气。

在水煤气变换反应发生的同时，还会发生一氧化碳的甲烷化反应，为了使合成气中甲烷含量尽可能小，水碳比一般控制在3~5，反应温度控制在815℃，压力控制在3.5 MPa，在上述条件下，80%以上的碳氢化合物将会转化为碳氧化物。此外，若需要进一步降低合成气中的一氧化碳浓度，合成气还要进行一氧化碳优先氧化反应（CO-PROX），即在氧气的作用下，通过氧化反应将合成气中的一氧化碳浓度降低至10 μL/L以下。然而，在上述反应过程中，不可避免会发生氢气直接氧化的副反应，该反应会消耗少量的氢气。一氧化碳预氧化反应的反应温度通常为80~270℃。

在柴油蒸汽重整主反应发生的同时,结焦等副反应不可避免会发生,上述副反应会逐渐堵塞或覆盖催化剂的活性点位,最终导致催化剂失活。碳元素可以直接来自高碳氢化合物、一氧化碳、甲烷,或通过烯烃/芳香烃的聚合反应和逐步的脱氢反应转化而来。具体的反应类型取决于重整气操作条件,如温度、水碳比、气体空速以及反应动力学等[20]。

$$C_mH_n \longrightarrow C + H_2 + CH_4 + \cdots \qquad (2-11)$$

$$CH_4 \Longleftrightarrow C + 2H_2 \qquad (2-12)$$

$$CO + H_2 \Longleftrightarrow C + H_2O \qquad (2-13)$$

$$烯烃,芳香烃 \longrightarrow 聚合物 \longrightarrow 焦炭 \qquad (2-14)$$

总体而言,水蒸气重整反应的反应效率和氢气浓度最高,其重整气中氢气浓度可达到70%~80%,远高于部分氧化重整和自热重整的40%~50%;然而,与部分氧化重整反应和自热重整反应不同,水蒸气重整反应属于强吸热反应,需要外部热源提供大量的热量;此外,在三种重整反应中,水蒸气重整反应的启动时间最长。

蒸汽重整是起步最早的柴油重整技术。近年来,研究人员先后开展了替代燃料、生物柴油以及商品化柴油的重整技术研究。Ming 等[21]以十六烷替代柴油,采用专利催化剂,在固定床反应器内开展了蒸汽重整技术研究,73 h 的重整试验结果表明,催化剂性能表现稳定,未出现催化剂失活或者结焦等现象。Thormann 等[22]研究了十六烷在微通道反应器内的重整性能。重整反应采用贵金属铑作为催化剂,研究结果表明,与不含支链的碳氢化合物相比,含支链的碳氢化合物重整速度更快,此外对于高碳氢化合物,其中的-CH 官能团似乎比-CH₂ 官能团转换得更快。

柴油由于组分异常复杂且碳链长,因此适用于柴油重整的催化剂必须进行严格的筛选,如必须具备高活性、高抗硫、抗析碳和抗氧化等特点。适用于柴油重整的催化剂目前主要是贵金属催化剂。Karatzas[23]等对柴油燃料电池系统催化剂体系进行了深入的研究。通过浸渍法制备的 Rh 基催化剂抗积碳和抗硫性能优异,在后续对催化剂改性中发现,添加少量的 Pt 金属制备出的双金属 $RhPt/CeO_2 - ZrO_2$ 催化剂非常适合该燃料电池系统,该催化剂上 Rh_xO_y 物种具有良好的还原性,Rh 和 Pt 金属在载体 $CeO_2 - ZrO_2$ 上高度分散。周琦[24]等对柴油重整制氢催化剂体系进行了筛选,并将筛选出的 $PtLaLi/Al_2O_3$ 应用于柴油重整制氢反应,结果显示该催化剂表现出较好的催化活性和稳定性。

除上述针对柴油蒸汽重整催化剂的研究外,柴油蒸汽重整工艺的优化工作也受到了众多研究者的关注。StefanMartin 等[25]研究了不同重整条件下柴油及柴油-生物柴油混合物的重整情况。实验结果表明,在采用专利贵金属催化剂的情况下,较低的催化剂入口温度及较高的反应物流量对催化剂活性有着不利影响。当采用深度脱硫柴油(硫含量 1.6 μg/g),催化剂入口温度较高(>800℃),水碳比较高(S/C=5)及催化剂空速较低[11 g/(h·cm²)]时,产物中氢气浓度接近化学平衡并且保持稳定超过 100 h,在此过程中,未出现催化剂失活现象。Bozdag 等[26]研究了空速(GHSV)、水碳比等操作条件对商品化柴油蒸汽重整反应的影响情况。研究表明,当 GHSV 从 25 000 h⁻1 降低至 7 500 h⁻1 时,CH_4、C_2H_4、C_2H_6 及 C_3H_6 等重整反应副产物大幅降低,这一现象也从侧面揭示了重整反应的机理,即长链碳氢化合物首先分解为 C2~C3 化合物,然后再重整为氢气和一氧化碳。此外,提高水碳比还有利于后续水煤气转换反应的进行,同时有助于减少结焦反应的发生。于涛等发现柴油蒸汽重整催化剂床层温度存在最佳温度区,温度过低不利于反应的进行,温度过高能耗增加并且柴油中长链烃类容易裂解析碳。此外,适当提高原料 H_2O/C 比有利于提高 H_2 的收率和抑制催化剂的积炭。

4) 化石燃料结合 CCS 制氢

CCS 技术能够大幅度减少化石燃料使用过程中的 CO_2 排放量。将 CCS 技术与化石能源制氢技术相结合,可以将"灰氢"转变为"蓝氢",在满足低成本、大规模制氢需求的同时大大减少碳排放量。

天然气制氢,如采用蒸汽重整(SRM)路线并结合 CCS 技术,以日产氢气 379 t 的 SRM 工厂为例,产氢成本将从 2.08 美元/kg 上升至 2.27 美元/kg。而自热重整(ATR)路线与 CCS 技术的结合,则能使得蓝氢的成本降至 1.48 美元/kg。在煤炭制氢领域,Burmistrz 等[27]研究了在不同煤炭种类、不同工艺路线的情况下,煤炭制氢技术与 CCS 耦合前后的制氢碳排放量情况,分别为 19.42~25.28 kg(CO_2)/kg(H_2)和 4.14~7.14 kg(CO_2)/kg(H_2)。另有研究表明,结合 CCS 技术的煤炭制氢工艺将实现 83%的温室气体减排率,而相应地制氢成本则仅上升 8%[28]。

受限于 CCS 技术的发展现状,当前蓝氢项目极度依赖国家提供的巨额补贴,规模不大,主要由德国、英国、美国、日本等发达国家主导。在雪佛龙、BP、道达尔等众多跨国油气公司的氢能发展计划中,"蓝氢"都占有一席之地。韩国 SKE&S 株式会社宣布,计划到 2025 年成为全球最大的蓝氢供应商,实现年产蓝氢 $25×10^4$ t 的目标。对于现阶段蓝氢的制备,应当积极开展与各类主流化石能源制氢技术相配套的 CCS 技术,大力开展基础研发与应用示范,促进蓝氢成本的下降。如果为化石能源制氢所产生的大量碳找到应用市场,在碳捕集封存技术的基础上对其加以利用,蓝氢的价格还将进一步降低。

　　传统化石燃料制氢是未来解决不同规模氢能需求的最具应用前景的途径之一。蒸汽重整、部分氧化重整、自热重整是目前应用最为广泛的三种重整技术。蒸汽重整产物中氢气浓度最高,且反应温度最低,然而系统质量较大、启动速度慢且需要外部热源,比较适用于固定制氢领域,由于该反应过程无须氧气参与,该技术还可应用于水下、太空等特殊领域[29]。甲烷水蒸气重整制氢工艺较为纯熟,但镍基催化剂的稳定性和活性仍需改善,现有的反应器及高温高压反应缺陷的改进将是未来的工作重点。柴油重整技术具有理论产氢比率高、应用领域广、基础设施完善、安全性好、成本低等优点,是燃料电池用氢源技术的重要发展方向。为实现柴油重整制氢技术的商业化应用,未来还需重点关注以下方面的研究工作:一方面,通过掺杂和改性等手段,进一步提升对现有催化剂的耐硫及耐结焦性能,改善重整系统的循环使用寿命;另一方面,继续开发新型贱金属催化剂,以替代现有 Rh、Ru、Pd 等贵金属催化剂,降低重整系统整体成本;此外,加大微通道等新型重整反应器的研究力度,进一步改善柴油重整反应的动力学特性及重整效率。

2.1.2　化工副产品氢气回收

　　工业副产氢主要分布在钢铁、化工等行业,主要集中在烧碱、焦炭、氰化钠制备等领域。提纯利用其中的氢气既能提高资源利用效率和经济效益,又可降低污染、改善环境。

1) 氯碱工业副产氢

　　在化工行业,副产氢优选作为燃料或原料就地消纳为主。比如,我国多数烧碱企业配套建设了盐酸和聚氯乙烯装置,以利用副产氢,烧碱企业副产氢的平均利用率约达 60%。氯碱工业是最基本的化工行业之一。在氯碱工业中,通过电解饱和 NaCl 溶液的方法制取烧碱(一般指氢氧化钠)和氯气,同时得到副产品氢气,可通过 PSA 技术进行纯化分离[30]。每制取 1 t 烧碱便会产生大约 280 N·m³(质量约为 25 kg)的副产氢[31]。其反应式如下:

$$2NaCl + 2H_2O \longrightarrow 2NaOH + Cl_2 + H_2 \qquad (2-15)$$

　　氯碱产氢反应的化学原理和生产过程与电解水制氢类似,氢气纯度可达 98.5%,其中主要杂质为反应过程中混入的氯气、氧气、氯化氢、氮气及水蒸气等,一般通过 PSA 技术进行纯化分离获得高纯度氢气。大型先进氯碱装置的产氢成本可以控制在 1.3~1.5 元/(N·m³),成本接近于煤炭、天然气等化石能源制氢。但从 CO_2 气体减排效果进行分析,氯碱副产氢全生命周期 CO_2 气体排放量为 $1.3 \sim 9.8\,kg(CO_2)/kg(H_2)$,比 SRM 制氢技术低了 $20\% \sim 90\%$,CO_2 减排优势显著。氯碱副产氢具有产品纯度高、原料丰富、技术成熟、减排效益高及开发空间大等优势。大力发展对这类工业副产氢的纯化与利用,可以使氯碱企业加入氢能行业的发展潮流中,走上从耗能到造能的转变之路。

2）焦炉气副产氢

我国钢铁工业的迅猛发展,使炼焦行业也出现超常规发展。焦炉煤气（COG）是炼焦工业中的副产品,主要成分为氢气（含量介于 $55\% \sim 60\%$）、甲烷（含量介于 $23\% \sim 27\%$）和少量 CO、CO_2 等。通常每吨干煤可生产 $300 \sim 350\,m^3$ 焦炉气,是副产氢的重要来源之一。由于焦炉煤气含有 50% 以上的氢气,制氢的主要方法是采用变压吸附技术来分离氢气,从 20 世纪 80 年代开始,我国就建有多套 $100\,m^3/h$ 至 $5\,000\,m^3/h$ 焦炉煤气变压吸附制氢装置。该技术已近乎完美,工艺流程如图 2-4 所示,其关键技术是煤气净化后的变温吸附（TSA）及 PSA 过程。经过脱硫、PSA 和深冷分离等精制工序后,产品可以作为燃料电池氢源。

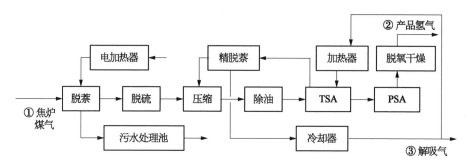

图 2-4　焦炉煤气变压吸附制氢工艺流程图

当前焦炉气制氢技术已具有相当的规模,可产氢 $1\,000\,N \cdot m^3/h$[32]。我国副产煤气可提供 $811 \times 10^4\,t/$年的氢产能,氢源占比为 20.0%。焦炉气直接分离氢气成本相对较低,利用焦炉气转化的甲烷制氢亦能实现有效利用,焦炉气副产氢比天然气和煤炭制氢等方式更具经济优势。焦炉气制氢应用发展的关键在于氢气提纯技术的发展和炼焦行业下游综合配套设施的健全。

3）石化副产氢

石化副产氢主要包括炼油重整、丙烷脱氢、乙烯生产等副产氢。丙烷催化脱氢生产丙烯（PDH）技术是指在高温催化条件下,丙烷分子上相邻两个 C 原子的 C—H 键发生断裂,脱除一个氢气分子得到丙烯的过程。其反应式如下:

$$CH_3—CH_2—CH_3 \longrightarrow CH_2 = CH—CH_3 + H_2 \qquad (2-16)$$

该过程原料来源广泛、反应选择性高、产物易分离,副产气体中的氢气占比高、杂质含量少,具有重要的收集利用价值,越来越受到人们的青睐。

丙烷脱氢工艺一般在循环流化床或固定床反应器中进行,只需配套相应的PSA或膜分离装置,即可得到高纯度氢气(含量大于等于 99.999%)。以年产 $60×10^4$ t 规模的丙烷脱氢生产线为例,其副产粗氢量大约可达 $3.33×10^8$ N·m³。预期到 2023 年,国内的丙烷脱氢副产氢规模可达 $44.54×10^4$ t/年。从丙烷脱氢工艺产出的氢气无须额外的制氢原料,并且氢气净化再投入也相对较少,因而具有较好的成本优势,成本可以控制在 0.89~1.43 元/(N·m³) 的水平。随着丙烷脱氢工艺的持续发展和成本的逐步降低,该技术在丙烯合成工业上的占比也将日益加大。此外,随着例如乙烷高温裂解脱氢合成乙烯等石化副产氢工艺的逐渐发展,协同各类新型气体分离与纯化技术,这类工业副产氢将愈发凸显价值。

综上所述,氯碱工业、煤焦化工业等生产过程中都会产生大量的副产氢,但这类资源尚未被充分开发利用,主要原因是副产氢纯度不高、提纯工艺对设备与资金要求高以及下游市场对氢气的需求量目前还较少。随着氢能行业的蓬勃发展和氢气提纯技术及相关工业技术的进步,工业副产氢将逐渐具备经济性上的竞争力。

2.1.3 含氢物制氢

含氢物一般是指氨、硼氢化钠、甲醇等原料。

气态氨在高温下,由催化剂进行催化分解为氢气和氮气,经过气体分离与提纯得到高纯氢气。氨具有很高的氢密度(17.8 wt%),氨气在常温、1 MPa 的压力下即转变为液体,在常压和 400℃ 条件下通过催化即可得到 H_2。常用的催化剂包括钌系、铁系、钴系与镍系,其中钌系的活性最高。液氨的储存条件远远低于液氢,全球范围内已经建立了生产、储存、运输和利用氨的基础设施。

氨可以通过热催化裂解生产氢,并且与碳氢燃料制氢不同,氨分解不会产生 CO,同时避免了积碳问题,是一种很好的分布式制氢原料。降低氨高效分解的反应温度,是目前研究的热点,主要方向是低温高效催化剂的研究。影响催化剂活性的因素有活性金属的类型、载体材料的类型、粒径、表面积、催化剂的分散性和促进材料等。研究表明:K、Na、Li、Ce、Ba、La、Ca 和基于 K 的化合物能够提高催化剂催化活性[33]。

氨分解气中含有残余的氨分子,会导致使用酸性电解质的燃料电池中毒,电化学性能下降。因此需要对分解气进行分离和纯化,主要技术有吸附与膜渗透。其中,膜渗透技术是研究的重点,主要研究热点是降低渗透膜中钯的含量,例如澳大利亚昆士兰大学的 Dolan 等开发的管状钯涂层钒膜,表现出高渗透性和坚固性,同时由于钒是一种相对便宜的材料,因此与单一的基于 Pd 的膜相比,这种膜的分离成本大大降低。

硼氢化钠($NaBH_4$)水解制氢是在常温下生产高纯氢气的制氢技术。硼氢化钠具有强还原性,在强碱性水溶液和催化剂作用下即可水解产生亚硼酸钠和氢气。甲醇转化制氢是将甲醇与水蒸气进行充分的混合,然后进行加压和加热处理,在催化和转化的过程中完成氢气的制备。

硼氢化钠水解制氢因具有储氢密度大、产氢纯度高、放氢条件适中、安全无污染等优点而被认为是一种燃料电池的理想氢源之一。但要使其成为一种实用的即时制氢方法仍然面临着很多的阻碍。例如:$NaBH_4$ 水解制氢的反应机理和动力学表征还不够清楚,氢气的生成还不能够完全实现快速、即时和按需按量的控制,催化制氢的控制技术还有待成熟,催化剂耐久性及活性下降的理论研究还不充分等。

甲醇制氢具有反应温度低、氢气易分离等显著优势,近年来一直备受关注。蒸汽重整法是目前使用最为广泛的甲醇制氢技术路线,甲醇和蒸汽在高于 200℃ 环境中通过催化剂床层,其主要化学反应式如下:

$$CH_3OH + H_2O \longrightarrow CO_2 + 3H_2 \qquad (2-17)$$

甲醇蒸汽重整全流程需要吸收大量的热量,必须保证外部热源平稳供热。适用于该技术的催化剂种类则较为丰富,主要有镍系、钯系、铜系等几大类型,例如 Cu-Zn-Al、Cu-Ni-Al 体系等。对于氢气产物,可以通过变压吸附法、WGS 变换反应、钯膜分离技术、CO 甲烷化等方式除去其中的 CO 进行纯化。

当前,甲醇制氢技术具有原料丰富且易储运、反应温度低、技术成熟、氢气产率高、分离简单等优势,已可满足氢气生产的技术需求,尤其适合于中小规模的现场制氢,但其所需原料甲醇属于二次能源产品,相比于天然气和煤炭成本较高,不具有经济优势,另外 CO 的清除也是一大挑战。

化石燃料制氢是我国现阶段大规模获取氢气的主要来源,以煤制氢、天然气制氢、甲醇制氢为主的方式具有技术成熟、成本低等优点。而柴油作为一种液态燃料,存储和运输更为高效和便捷,可广泛应用于固定式和移动式领域;此外,相比于天然气,柴油安全性更好,加之基础设施更为成熟,基于柴油重整的燃料电池更易于推广使用。含氢尾气、副产物氢回收技术主要是将工业副产物氢进行提纯获取,虽然该技术在回收过程中具有低碳排放、环境友好和适合大量制氢的优点,并且成本远低于化工燃料制氢、甲醇重整制氢和水电解制氢等路线,但纯化过程相对复杂,所制取的氢气纯度较低。

传统制氢技术在生产氢气时既有直接二氧化碳排放,又有间接二氧化碳排放,比如天然气蒸汽转化制氢的直接二氧化碳排放量为 $10.91 \ kg(CO_2)/kg(H_2)$,而甲醇制氢为 $13.64 \ kg(CO_2)/kg(H_2)$;天然气蒸汽转化制氢的间接二氧化碳排放量为 $2.15 \ kg(CO_2)/kg(H_2)$,而甲醇制氢为 $28.82 \ kg(CO_2)/kg(H_2)$。综上可以看出传统制氢工艺存在较大的直接二氧化碳排放量,在氢气利用过程中不能实现真正的二氧化碳减排,存在制氢成本高、碳排放污染重等问题,而氢能产业可持续发展的前提是清洁无污染,制氢原料应从化石燃料向可再生能源(风能、太阳能、核能等)方向逐渐转变。

2.2 电解水制氢技术

利用可再生能源(风电、太阳能发电、水力发电等)电解水制氢是最成熟的绿色制氢技术,电解生成氢气和氧气,制氢过程中无含碳化合物排出,符合绿色可持续发展的理念。制得的氢气转换为电能并入电网或直接供给负荷,提高了能源系统的综合利用效率,有助于解决新能源消纳问题,保障电力系统的安全稳定运行。

根据电解质的不同,典型的电解水制氢技术可以分为以下几类:碱性水电解(AWE)、阴离子交换膜水电解(AEM)、质子交换膜水电解(PEM)、固体氧化物水电解(SOEC)。电解技术的不同主要区别在于发展阶段、电解质、典型运行条件及可再生能源发电的不稳定性的影响,几种不同电解水的技术特点见表2-3,接下来将对各个技术进行详细介绍。

表2-3　典型的水电解技术的技术特点

项　目	碱性水电解	固体聚合物阴离子交换膜电解	质子交换膜电解	固体氧化物电解
电解质	KOH/NaOH	DVB 聚合物载体与 KOH/NaOH	固体聚合物电解质	钇稳定氧化锆(YSZ)
隔膜	石棉/锌/镍	离子交换膜	质子交换膜	固体氧化物
额定电流密度/(A/cm^2)	0.2~0.8	0.2~2	1~2	0.3~1
电压范围/V	1.4~3	1.4~2	1.4~2.5	1~1.5

项　目	碱性水电解	固体聚合物阴离子交换膜电解	质子交换膜电解	固体氧化物电解
运行温度/℃	70~90	40~60	50~80	700~1 000
电能质量要求	稳定电源	稳定电源或波动	稳定电源或波动	稳定电源
工作压力/bar	<30	<35	<70	1
氢气纯度/%	99.5~99.999 8	99.9~99.999 9	99.9~99.999 9	99.9
效率/%	50~78	57~59	50~83	89
寿命/h	60 000	>3 000	50 000~80 000	20 000
设备成本/(元/kW)	2 000	–	8 000	>14 000
技术成熟度	充分商业化	实验阶段	初步商业化	初期示范

2.2.1　碱性水电解技术

　　碱性水电解（AWE）是一种成熟的工业制氢技术，全球商业应用范围内的使用可达到数兆瓦级。碱性水电解现象在1789年首次提出，经过19世纪的几次发展，第一个容量为10 000 N·m³(H₂)/h的工业大型碱性水电解槽工厂投入运行，在19世纪后期，超过400个工业碱性电解槽单元成功安装和运行用于工业应用。目前，碱性水电解作为最成熟的电解技术占据着主导地位，结构示意图如图2−5所示。

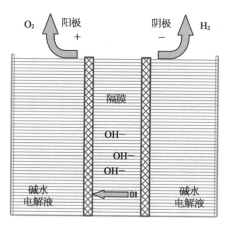

图2−5　碱性水电解制氢示意图

　　碱性水电解槽需要在较低的温度（30~80℃）下与碱性溶液（KOH/NaOH）一起运行，使用镀镍涂层的不锈钢电极和石棉/ZRO₂隔板作分离器。其离子载流子是羟基离子（OH⁻）与KOH/NaOH，水渗透通过隔膜的多孔结构，提供电化学反应的功能[34]。碱性电解液从冷启动开始，随着工作时间增长，其温度越来越高，由于其电导率随着温度的升高而升高，故产氢量会越来越大，所以碱性电解液热启动要比冷启动快得多。鉴于碱性电解液此特性，通常对其进行热备用，以便快速热启动制氢。碱性水电解是包括两个单独的半电池反应：阴极的析氢反应(HER)和阳极的析氧反应(OER)。在碱性电解过程中,最初在阴极侧减少 2 mol 的碱性溶液以产生 1 mol 的 H_2 和 2 mol 的羟基离子(OH^-),产生的 H_2 可以从阴极表面消除,剩余的 OH^- 通过多孔膜在阳极和阴极之间的电路影响下转移到阳极侧。在阳极处,排出 OH^-,产生 1/2 的 O_2 和一个 H_2O。AWE 化学反应方程式如下:

阴极:$\qquad\qquad 2e^- + 2H_2O \Longrightarrow H_2\uparrow + 2OH^-$ $\qquad\qquad$ (2-18)

阳极:$\qquad\qquad 4OH^- \Longrightarrow 2H_2O + O_2\uparrow + 4e^-$ $\qquad\qquad$ (2-19)

总反应式:$\qquad\quad 2H_2O \Longrightarrow 2H_2\uparrow + O_2\uparrow$ $\qquad\qquad\qquad$ (2-20)

制氢过程中,AWE 在碱性条件下可使用非贵金属电催化剂(如镍、钴、锰等),制氢技术成本较低,因此目前在规模化电解制氢技术中 AWE 应用最广。目前与 AWE 相关的主要挑战是较低的羟基离子迁移率和使用腐蚀性(氢氧化钾)电解质及有限的电流密度($0.1\sim0.5\ A/cm^2$)所导致的一系列问题。KOH 电解质对环境二氧化碳的高敏感性和随后形成的 K_2CO_3,导致羟基离子的数量和离子电导率的降低。此外,K_2CO_3 阻塞了阳极气体扩散层的孔隙,降低了离子通过膜片的可转移性,从而降低了产氢量;由于现有的隔膜并不能完全阻止气体从一个半电池到另一个半电池的交叉,导致 AWE 只能产生低纯度(99.9%)的氢气;另外,电解槽启动时间长,无法快速调节制氢速度。因此,AWE 制氢与可再生能源发电的适配性较差。

为了应对这些挑战,需要开发新的电极材料和膜。有关专家学者提出了一种低成本的、无贵金属矿石的 HER 和 OER 双功能的 $MoS_2@Ni_{0.96}S$ 的异质结杂化结构电催化剂,在 $10\ mA/cm^2$ 时的过电位为 182 mV,且此时析氢和析氧反应活性最高,实现了较低的 1.86 V 的电池电压,并在连续运行的 15 h 中表现出优越的稳定性。开发了一种高效的 $NiCo-NiCoO_2@Cu_2O@CF$ 电催化剂,并研究了其在 1 M 氢氧化钾溶液中的性能。显示了在较低过电位的碱性介质中,对 HER 和 OER 的电化学性能有所提高。此外,利用 $NiCo-NiCoO_2@Cu_2O@CF$ 作为 HER 和 OER 的双功能电催化剂,通过电解过程实验研究了它们的性能。结果表明,与其他非贵金属电催化剂相比,该催化剂的电化学性能更好,电池电压为 1.69 V,达到电流密度 $\geqslant 10\ mA/cm^2$。此外,由于 $NiCo-NiCoO_2$ 纳米颗粒之间具有强大的机械黏附性,所开发的电催化剂在强碱性溶液中连续 12 h 的电解过程中是稳定的。$NiCo-NiCoO_2$ 纳米异质结构均匀分布在铜泡沫体的氧化表面,使其在电化学反应过程中活性位点的利用最大,从而获得了较好的性能。目前,催化剂效率提升研究在国内也取得了一些进展,2019 年中国科学院大连化学物理研究所团队宣布成功开发新一代电解水催化剂,在规模化碱性电解水制氢中试示范工程设备上实现了稳定运行。经过在额定工况条件下长时间的运行验证,电流密度稳定在 3 000 A/m² 时,单位制氢能耗低于 4.0 kW·h/m³ (H₂),能效值约88%。这是目前已知的规模化电解水制氢的最高效率[35]。

2.2.2　阴离子交换膜水电解技术

阴离子交换膜电解(AEM)类似于传统的碱性水电解技术,是一种发展中的绿色制氢技术。两者的主要区别是在 AEM 用阴离子交换膜(季铵离子交换膜)取代了传统的隔膜(石棉)。AEM 具有如下几个优点:使用成本效益高的过渡金属催化剂代替贵金属催化剂;可以使用低浓缩碱性溶液(1 M KOH)作为电解液来代替高浓缩碱性溶液(5 M KOH)。尽管 AEM 具有显著的优势,仍需要进一步的研究来改进 AEM 电解水的稳定性和电池效率,以便于大规模使用或商业化。

AEM 是一种利用阴离子交换膜和电的作用来实现的电化学水裂解技术。最初,在阴极侧,水分子通过添加两个电子而被还原为生成 H₂ 和 OH⁻。H₂ 从阴极表面释放出来,OH⁻ 通过阳极的正吸引穿过离子交换膜扩散到阳极侧,而电子通过外部电路传输到阳极。在阳极侧,OH⁻ 通过失去电子而重新结合为水分子和氧。所产生的氧气从阳极中释放出来。AEM 化学反应方程式如下:

$$\text{阴极:}\qquad 2e^- + 2H_2O =\!=\!= H_2\uparrow + 2OH^- \qquad(2-21)$$

$$\text{阳极:}\qquad 4OH^- =\!=\!= 2H_2O + O_2\uparrow + 4e^- \qquad(2-22)$$

$$\text{总反应式:}\qquad 2H_2O =\!=\!= 2H_2\uparrow + O_2\uparrow \qquad(2-23)$$

AEM 正处于千瓦规模的发展阶段。在全球范围内,一些机构正在积极地开发 AEM 水电解槽。但就目前而言,仍然需要一些创新来改进这项技术用于商业应用。

AEM 的主要挑战在于要开发一种能耐碱性环境、合适的聚合物膜材料。除了耐碱性环境外,这种聚合物材料还必须具有较高的离子导电率,以及电解槽加压后的抗压稳定性。德国 Evonik 工业公司在其现有的气体分离膜技术的基础上,开发了一种专利聚合物材料。Evonik 正在放大这种聚合物生产并在一个中试线上扩大膜生产,下一步是验证系统的可靠性并提高电池堆规格,同时扩大膜生产[35]。

AEM 电解槽在碱性溶液下实现了高效的产氢性能,但仍需要进一步研发降低成本,因为目前大多数 AEM 电解槽都使用了与 PEM 电解槽相同的贵金属催化剂。Jang 等人[36]通过调节 AEM 水电解的 pH 值,通过共沉淀技术合成了一种无贵金属纳米级 $Cu_{0.5}Co_{2.5}O_2$ 阳极电催化剂,并研究了其在碱性溶液和水电解槽中的性能。耐久性研究表示该催化剂用作阳极能够在 $400 \ mA/cm^2$ 的电流密度下连续工作 100 h,在运行中保持 80% 的能源效率。在 $10 \ mA/cm^2$ 的电流密度下连续工作 2 000 h,也表现出良好的稳定性。

2.2.3　质子交换膜水电解技术

质子交换膜电解(PEM)的电解槽由 2 个电极和 1 个膜组成,如图 2-6 所示。PEM 电解槽不需要电解液,只需要纯水,使用膜电极组件。其中电极材料为多孔铂,催化剂附着在交换膜的表面。PEM 水电解槽采用 PEM 传导质子,隔绝电极两侧的气体,避免 AWE 使用强碱性液体电解质所伴生的缺点。PEM 水电解槽以 PEM 为电解质,以纯水为反应物,加之 PEM 的氢气渗透率较低,产生的氢气纯度高,仅需脱除水蒸气;电解槽采用零间距结构,欧姆电阻较低,显著提高电解过程的整体效率,且体积更为紧凑;压力调控范围大,氢气输出压力可达数兆帕,适应快速变化的可再生能源电力输入。

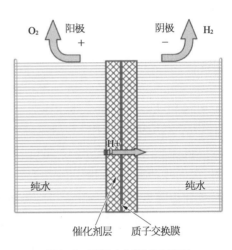

图 2-6　PEM 水电解制氢示意图

在 PEM 水电解过程中,水被电化学分裂为氢和氧。在这个过程中,最初在阳极侧的水分子被分解生成氧(O_2)、质子(H^+)和电子(e^-)。从阳极表面排出的产生的氧和剩余的质子通过质子导电膜到阴极侧,电子通过外部电路移动到阴极侧。在阴极侧,质子和电子重组产生 H_2 气体。PEM 制氢过程中的化学反应方程式如下:

阴极:
$$2H^+ + 2e^- = H_2\uparrow \tag{2-24}$$

阳极:
$$2H_2O - 4e^- = O_2\uparrow + 4H^+ \tag{2-25}$$

总反应式:
$$2H_2O = 2H_2\uparrow + O_2\uparrow \tag{2-26}$$

也要注意到,PEM 水电解制氢的瓶颈环节是成本和寿命。电解槽成本中,双极板约占 48%,膜电极约占 10%。当前 PEM 国际先进水平:单电池性能为 $2 \, A \cdot cm^{-2} @ 2 \, V^{[37]}$,总铂系催化剂载量为 $2 \sim 3 \, mg/cm^2$,稳定运行时间为 $6 \times 10^4 \sim 8 \times 10^4 \, h$,制氢成本约为每千克氢气 25.8 元。降低 PEM 电解槽成本的研究集中在以催化剂、PEM 为基础材料的膜电极,气体扩散层,双极板等核心组件。

1）电催化剂研究

由于 PEM 电解槽的阳极处于强酸性环境($pH \approx 2$)、电解电压为 $1.4 \sim 2.0 \, V$,多数非贵金属会腐蚀并可能与 PEM 中的磺酸根离子结合,进而降低 PEM 传导质子的能力。PEM 电解槽的电催化剂研究对象主要是 Ir、Ru 等贵金属、氧化物及其二元、三元合金、混合氧化物,和以钛材料为载体的负载型催化剂。按照技术规划目标[38],膜电极上的铂族催化剂总负载量应降低到 $0.125 \, mg/cm^2$,而当前的阳极铱催化剂载量在 $1 \, mg/cm^2$ 量级,阴极 Pt/C 催化剂的 Pt 载量约为 $0.4 \sim 0.6 \, mg/cm^2$。

为此,降低贵金属 Pt、Pd 载量,开发适应酸性环境的非贵金属析氢催化剂成为研究热点。对于超薄钛气体扩散层上的由铂纳米线组成的集成电极结构用于 PEM 水电解过程中的析氢反应,在低电池电压和低电流密度时,PtNW/Ti 电极以低于传统 PEM 电极 15 倍的催化剂负载量,获得了 90.08% 的高效率。同时,另一项研究[39]提出了无离子集成电极($1T - 2H \, MoS_2NS/CFP$),结果显示,在工作电流密度为 $2 \, A/cm^2$ 时,集成电极表现出优异的性能,电池电压达到了 $2.25 \, V$。Cheng 等[40]采用碳缺陷驱动自发沉积新方法,构建由缺陷石墨烯负载高分散、超小($<1 \, nm$)且稳定的 $Pt - AC$ 析氢电催化剂,研究表明,阴极电催化剂的 Pt 载量有效降低,并且催化剂的质量比活性、Pt 原子利用效率和稳定性得到显著提高。

相比阴极,阳极极化更突出,是影响 PEM 水电解制氢效率的重要因素。苛刻的强氧化性环境使得阳极析氧电催化剂只能选用抗氧化、耐腐蚀的 Ir、Ru 等少数贵金属或其氧化物作为催化剂材料,其中 RuO_2 和 IrO_2 对析氧反应催化活性最好。意大利研究团队[41]制备的 $Ir_{0.7}Ru_{0.3}O_x$ 催化剂在阳极催化剂总载量为 $1.5 \, mg/cm^2$ 时,电解池性能可达 $3.2 \, A \cdot cm^{-2} @ 1.85 \, V$。Giner 公司研究团队[42]制备出的 $Ir_{0.38}/W_xTi_{1-x}O_2$ 催化剂在 Ir 载量为 $0.4 \, mg/cm^2$ 时,电池性能达到 $2 \, A \cdot cm^{-2} @ 1.75 \, V$,Ir 用量仅为传统电极的 1/5。

与析氢催化剂相似,开发在酸性、高析氧电位下耐腐蚀、高催化活性非贵金属材料,降低贵金属载量是研究重点。复合氧化物催化剂、合金类催化剂和载体支撑型催化剂是析氧催化剂的研究热点。基于 RuO_2 掺入 Ir、Ta、Mo、Ce、Mn、Co 等[43]元素形成二元及多元复合氧化物催化剂,可提高催化剂活性和稳定性。PtIr 和 PtRu 合金是应用较多的合金类析氧电催化剂,但高析氧电位和富氧环境使得合金类催化剂易被腐蚀溶解而失活。使用载体可减少贵金属用量,增加催化剂活性比表面积,提高催化剂机械强度和化学稳定性,已被研究载体材料主要是稳定性良好的过渡金属氧化物,如 TiO_2、Ta_2O_5 等材料[44~46]。改性的过渡金属氧化物,如 Nb 掺杂的 TiO_2、Sb 掺杂的 SnO_2 等,也成为研究应用的重点。

2)隔膜材料

作为水电解槽膜电极的核心部件,质子交换膜不仅传导质子,隔离氢气和氧气,而且还为催化剂提供支撑,其性能的好坏直接决定水电解槽的性能和使用寿命。目前水电解制氢所用质子交换膜多为全氟磺酸膜,制备工艺复杂,如科慕 Nafion™ 系列膜、陶氏 XUS-B204 膜、旭硝子 Flemion® 膜、旭化成 Aciplex® S 膜等,表 2-4[47]列出了一些国内外主要质子交换膜产品性能指标。其中科慕 Nafion™ 系列膜具有低电子阻抗、高质子传导性、良好的化学稳定性、机械稳定性、防气体渗透性等优点,是目前电解制氢选用最多的质子交换膜。Giner 公司研发的 DSMTM 膜已经规模化生产,相比 Nafion™ 膜具有更好的机械性能、更薄的厚度,在功率波动与启停机过程中的尺寸稳定性良好,实际电解池的应用性能较优。

表 2-4　国内外主要质子交换膜产品性能指标

膜型号	厚度/μm	每摩尔磷酸盐基团的聚合物干重 E·W 值/(g/mol)	特　点
Nafion™	25~250	1 100~1 200	全氟型磺酸膜,市场占有率最高,高湿度下导电率高,低温下电流密度大,质子传导电阻小,化学稳定性强,机械强度高
XUS-B204	125	800	含氟侧链短,难合成,价格高
GORE-SELECT®	−	−	基于膨体聚四氟乙烯的专有增强膜技术形成的改性全氟型磺酸膜,具有超薄、耐用、高功率密度的特性,适用燃料电池
Flemion®	50~120	1 000	支链较长,性能接近 Nafion 膜
Aciplex®-S	25~1 000	1000~1 200	支链较长,性能接近 Nafion 膜
DF988/DF2801	50~150	800~1 200	短链全氟磺酸膜,适用水电解制氢、燃料电池

　　由于质子交换膜长期被国外少数厂家垄断,价格高达几百~几千美元/m²。为降低膜成本,提高膜性能,国内外重点攻关改性全氟磺酸质子交换膜、有机或无机纳米复合质子交换膜和无氟质子交换膜。氟磺酸膜改性研究聚焦聚合物改性、膜表面刻蚀改性及膜表面贵金属催化剂沉积3种途径。通过引入无机组分制备有机、无机纳米复合质子交换膜,使其兼具有机膜柔韧性和无机膜良好热性能、化学稳定性和力学性能,成为近几年的研究热点。另外选用聚芳醚酮和聚砜等廉价材料制备无氟质子交换膜,也是质子交换膜的发展趋势。

3) 膜电极

　　PEM 电解水的阳极需要耐酸性环境腐蚀、耐高电位腐蚀,应具有合适的孔洞结构以便气体和水通过。受限于 PEM 电解水的反应条件,PEM 燃料电池中常用的膜电极材料(如碳材料)无法用于水电解阳极。3M 公司研发了纳米结构薄膜(NSTF)电极,阴阳两极分别采用 Ir、Pt 催化剂,载量均为 0.25 mg/cm^2;在酸性环境及高电位条件下可以稳定工作,表面的棒状阵列结构有利于提高催化剂的表面分散性。Proton 公司采用直接喷雾沉积法来减少催化剂团聚现象[48],将载量 0.1 mg/cm^2 的 Pt/C 和 Ir,载量 0.1 mg/cm^2 的 IrO_2 沉积在 Nafion™ 膜上;单电解池的应用性能与传统高催化剂载量电解池相似($1.8 \text{ A} \cdot \text{cm}^{-2}@2\text{ V}$),在 2.3 V 电压下可稳定工作 500 h。

　　改善集流器的性能也可提高电解槽性能。美国田纳西大学研究团队[49]在钛薄片上用模板辅助的化学刻蚀法制备出直径小于 1 mm 的小孔,阳极集流器的厚度仅为 25.4 μm;相关集流器用于 PEM 水电解阴极,电解性能为 $2 \text{ A} \cdot \text{cm}^{-2}@1.845 \text{ V}$,阴极 Pt 催化剂载量仅为 0.086 m/cm^2。

　　此外,膜电极制备工艺对降低电解系统成本,提高电解槽性能和寿命至关重要。根据催化层支撑体的不同,膜电极制备方法分为 CCS 法和催化剂涂覆膜法(CCM)。CCS 法将催化剂活性组分直接涂覆在气体扩散层,而 CCM 法则将催化剂活性组分直接涂覆在质子交换膜两侧,这是 2 种制作工艺最大的区别。与 CCS 法相比,CCM 法催化剂利用率更高,大幅降低膜与催化层间的质子传递阻力,是膜电极制备的主流方法。在 CCS 法和 CCM 法基础上,近年来新发展起来的电化学沉积法、超声喷涂法及转印法成为研究热点并具备应用潜力,其特点见表 2-5。新制备方法从多方向、多角度改进膜电极结构,克服传统方法制备膜电极存在的催化层催化剂颗粒随机堆放,气体扩散层孔隙分布杂乱等结构缺陷,改善膜电极三相界面的传质能力,提高贵金属利用率,提升膜电极的电化学性能[47]。

表 2-5　膜电极制备方法对比

制备方法	工 艺 描 述	优 点	缺点或改进方向
电化学沉积法[50]	电场作用下分布均匀的贵金属催化剂颗粒沉积到膜电极核心三相反应区	催化层与PEM结合牢固，界面电阻低，电流密度高，贵金属载量低	催化剂沉积颗粒大小不一、粒径大；催化剂团聚、分布不均
超声喷涂法[51]	利用超声浴震荡催化剂浆料，使其分散均匀，再用超声喷涂到PEM或气体扩散层	自动化操作，可大规模生产；喷涂可控，节省催化剂；贵金属负载量低；催化剂高度分散，团聚少，催化剂均匀分布在支撑体	能耗较高
转印法[52]	转印基质上先涂覆催化剂浆料，烘干后再热压与PEM结合，实现催化层转移到支撑体，移除转印基质制成膜电极	贵金属载量低，避免PEM"吸水"膨胀褶皱等问题	催化剂利用率低，开发涂覆时"亲和力"好，热压时易剥离的特定转印基质和浆料

4）双极板

双极板及流场占电解槽成本的比重较大，降低双极板成本是控制电解槽成本的关键。在 PEM 电解槽阳极严苛的工作环境下，若双极板被腐蚀将会导致金属离子浸出，进而污染 PEM，因此常用的双极板保护措施是在表面制备一层防腐涂层。Lettenmeier 等在不锈钢双极板上用真空等离子喷涂方式制备 Ti 层以防止腐蚀，再用磁控溅射方式制备 Pt 层以防止 Ti 氧化引起的导电性降低；进一步研究发现，将 Pt 涂层换成价格更低的 Nb 涂层，可维持相似的电解池性能，且电解池可稳定运行超过 1 000 h。美国田纳西大学研究团队采用增材制造技术，在阴极双极板上制作出厚度为 1 mm 的不锈钢材料流场，在上面直接沉积一层厚度为 0.15 mm 的网状气体扩散层；该单电池阴极阻抗极小，电池性能高达 2 A·cm^{-2}@1.715 V，但仍需要表面镀金以提高稳定性。此外，美国橡树岭国家实验室、韩国科学技术研究院等机构也开展了系列化的 PEM 电解槽用双极板研发工作。

5）电解槽稳定性

2003 年，Proton 公司完成了 PEM 电解槽持续运行试验（>6×10^4 h），衰减速率仅为 4 μV/h。欧洲燃料电池和氢能联合组织提出的 2030 年技术目标，要求电解槽寿命达到 9×10^4 h，持续工作状态下的衰减速率稳定在 0.4～15 μV/h。许多研究团队着力探索 PEM 电解槽中各部件的衰减机理，发现催化剂和膜的脱落、水流量变化、供水管路腐蚀等会导致欧姆阻抗提高，膜电极结构被破坏后会诱发两侧气体渗透并造成氢气纯度降低，温度和压力变化、电流密度和功率负载循环也会影响部件衰减速率。中国科学院大连化学物理研究所对 PEM 电解槽进行了 7 800 h 衰减测试,发现污染主要来自水源和单元组件的金属离子,并完成了供水量、电流密度变化对 PEM 电解槽性能的影响分析。法国研究人员建立了 46 kW 电解槽模型,预测了功率波动工况下的工作情况,在温度较高、压力较低时,电解槽效率达到最高并可更好适应功率波动。

综上,PEM 电解水制氢技术具有运行电流密度高、能耗低、产氢压力高、对可再生能源发电波动适应性强、占地紧凑的特点,具备了产业化、规模化发展的基础条件。为此建议:从电催化剂、膜电极、双极板等关键材料与部件方面入手,通过产能提升和技术进步来压降成本,进而支持 PEM 电解制氢综合成本的稳步下降;改善催化剂活性,提高催化剂利用率,有效降低贵金属用量;研发高效传质的电极结构,进一步提高 PEM 电解的运行电流密度;提升双极板的材料性能与表面工艺,在降低成本的同时提高耐蚀性能。随着我国风、光、水等可再生能源的快速发展,预计电解水制氢技术与应用将进入稳步上升期。可再生能源制氢是唯一绿色低碳制氢方式,不仅能提高电网灵活性,而且可远距离运输和分配可再生能源,支持可再生能源更大规模的发展。

2.2.4 固体氧化物水电解技术

固体氧化物水电解(SOEC)是一种电化学转化电池,它将电能转化为化学能,其结构如图 2-7 所示。不同于 AWE 和 PEM,SOEC 采用固体氧化物为电解质材料,工作温度 800~1 000℃,制氢过程电化学性能显著提升,效率更高。

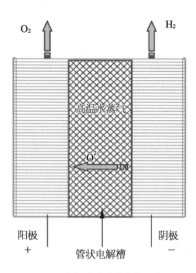

图 2-7 SOEC 水电解制氢示意图

SOEC 电解槽电极采用非贵金属催化剂,阴极材料选用多孔金属陶瓷 Ni/YSZ,阳极材料选用钙钛矿氧化物,电解质采用 YSZ 氧离子导体,全陶瓷材料结构避免了材料腐蚀问题。通常,固体氧化物水电解在较高的温度下工作,以蒸汽的形式消耗水,并产生氢和氧。在固体氧化物水电解过程中,最初在阴极侧,水分子通过加入两个电子被还原为 H_2 和氧化物离子 O^{2-}。从阴极表面释放出来的氢气和剩余的氧化物离子 O^{2-} 通过离子交换膜到达阳极侧。在阳极侧,O^{2-} 进一步还原生成氧和电子,然后产生的氧从阳极表面释放,电子通过阴极的正吸引经由外部电路到阴极侧。SOEC 反应过程化学方程式如下:

$$\text{阴极:} \qquad H_2O + 2e^- \Longrightarrow H_2\uparrow + O^{2-} \qquad\qquad (2-27)$$

$$\text{阳极:} \qquad 2O^{2-} - 4e^- \Longrightarrow O_2\uparrow \qquad\qquad (2-28)$$

$$\text{总反应式:} \qquad 2H_2O \Longrightarrow 2H_2\uparrow + O_2\uparrow \qquad\qquad (2-29)$$

SOEC 制氢工艺需要较高的工作温度,因此对制氢过程中产生的余热进行回收利用,如可用于汽轮机、制冷系统等,此时制氢系统总效率可达到 90% 以上。高温高湿的工作环境使电解槽选择稳定性高、持久性好、耐衰减的材料受到限制,也制约 SOEC 制氢技术应用场景的选择与大规模推广。目前 SOEC 制氢技术仍处于实验阶段,目前研究主要聚焦在电解池电极、电解质、连接体等关键材料与部件及电堆结构设计与集成。

传统 SOEC 阳极具有海绵状结构,存在诸多结构缺陷,内部多闭孔、曲折孔,这使电解过程中容易出现气体扩散不畅的情况,是电解池极化阻抗的主要来源。在大电流密度下进行电解制氢运行时,SOEC 内部产气量激增,由此带来明显的局部高压、高应力等破坏效果,导致电解池性能出现迅速衰减,甚至出现界面脱层现象而使电解池失效。为减少大电流运行带来的负面效果,研究者们对电极骨架结构进行了各种改造设计,以强化气体扩散性能、降低电极极化阻抗、提升大电流运行稳定性。韩国国立蔚山科学技术院的 Kim 等人提出了一种基于 $BaZr_{0.1}Ce_{0.7}Y_{0.1}Yb_{0.1}O_{3-\delta}$ 复合离子导电剂的混合固体氧化物电解电池的新概念,它允许氧离子和质子离子同时存在。所开发的混合 SOEC 在 1.3 V 和 700℃下具有最高的电流密度,为 3.16 A/cm^2,具有稳定的电化学稳定性。美国南卡罗来纳大学和哈尔滨工业大学的联合研究团队通过冷冻流延法制备了具有微通道结构的 $Gd_{0.1}Ce_{0.9}O_{2-\delta}$ 阳极骨架,并通过浸渗-烧结法制备了 $Sm_{0.5}Sr_{0.5}CoO_3 - Gd_{0.1}Ce_{0.9}O_{2-\delta}$(SSC-GDC)多孔阳极,由该电极组成的 SSCGDC|GDC|Ni-GDC 单电池在 600℃下的极化阻抗仅有 0.05 $\Omega \cdot cm^2$,展现出优异的电解应用潜力。清华大学的研究团队[53]对阳极骨架的冷冻制备工艺进行了优化,制备了形貌更为规整、孔隙密度更高的蜂窝结构微通道阳极,在 800℃下的极化阻抗仅为 0.0094 $\Omega \cdot cm^2$,该阳极可在 2 A/cm^2 的大电流密度下稳定运行,6 h 内未出现任何性能衰减。日本产业技术综合研究所的 Shimada 等开发了一种纳米复合电极 SOEC,在 800℃和 1.3 V 电解电压下,电流密度可达到 4.08 A/cm^2,对应的制氢产量高达 1.71 $L/(h \cdot cm^2)$,具有很好的工业化示范前景。

在电解池堆方面,丹麦 Risø 国家实验室[54]研发的 SOEC 堆在 950℃和 1.48 V 电压下电解高温水蒸气,稳定运行的电流密度达到 3.61 A/cm^2 以上。清华大学[55]研发了具有自主知识产权的 SOEC 堆,并实现了在 1 A/cm^2 以上的电流密度下连续电解制氢 100 h 以上,产氢速率可达 105 L/h(标准状态)。美国爱达荷国家实验室的 O'Brien 等开发了一个 25 kW 的高温水蒸气 SOEC 堆,每个电堆包括 50 个由电解质支撑的单电池,活性面积均为 110 cm^2,电解质为约 250 μm 厚的 YSZ,阴极材料为二氧化铈镍金属陶瓷(NiCeO$_2$),阳极材料为 La$_{1-x}$Sr$_x$Co$_{1-y}$Fe$_y$O$_{3-\delta}$(LSCF)。在输入功率为 5 kW、平均电流为 40 A 时,该 SOEC 堆的产氢速率可以达到 1.68 m^3/h。这些结果表明,大电流密度下的 SOEC 堆制氢稳态运行技术已取得突破。

目前,SOEC 电解技术已在实验室研究和中试研究中取得了长足的进展,但是大规模工业化应用和商业化推广还有待发展。如何进一步提升高温电解池的集成规模、运行效率和运行稳定性,是亟须解决的重点和难点问题。

利用水电解技术从风能和太阳能等可再生能源中生产绿色氢气,预计将成为能源转型的核心,以应对净零排放的挑战。上述四种水电解技术的优缺点见表 2-6。

表 2-6　典型的水电解技术的优缺点

电解技术	优　　点	缺　　点
AWE	技术成熟、已商业化、使用非金属电催化剂、成本相对较低、使用寿命长	低电流密度、气体交叉、需要高浓度的电解质(KOH)
AEM	使用非金属电催化剂、只需要低浓度的电解质(KOH)	使用寿命短、尚处在实验阶段
PEM	已商业化、电力密度高、气体纯度高、系统结构紧凑、响应快速	电池组件的成本高、使用贵金属电极、酸性电解质
SOEC	工作温度高、效率高	寿命短、尚处在初期示范阶段

AWE 是一种成熟的绿色制氢技术,已大规模产业化应用,制氢成本最低。然而,与 AWE 电解相关的一些挑战,如较低的工作电流密度、电池效率和气体的交叉,需要这项技术做出进一步改进:隔膜的总厚度应该从目前 460 μm 的厚度降低到 50 μm,这将有助于将 1 A/cm^2 时的电池效率从 53% 提高到 75%;减少隔膜厚度后,电流密度应达到 3 A/cm^2,而目前的电流密度为 0.8 A/cm^2;减少气体的交叉,也可以通过减少隔膜的厚度来实现。

AEM 水电解是最新发展的技术,克服了 AWE 和 PEM 水电解的缺点。但是,膜的耐久性是扩大应用这项技术的主要挑战之一。目前的膜的耐久性约为 30 000 h,这只是由于聚合物从膜主链得到的降解。因此,需要相当大的改进来提高耐久性和克服聚合物的降解,这可以通过增加膜的化学、机械和热稳定性,以及使用高导电聚合物组成增加离子电导率来实现。此外,通过调整金属表面可改善 OER 和 HER 的电极动力学,以保持长期稳定性。

PEM 水电解具有几个优点,如工作电流密度高、气体纯度高、出口压力高和占地面积小。然而,与这项技术相关的主要挑战是组件的成本,因此需要进行相当大的改进来降低成本。隔膜是 PEM 水电解槽的关键组成部分,在该领域需要进行重大的创新或改进,以提高效率和耐久性,并降低成本。电催化剂是 PEM 电解槽的另一个关键组成部分,宝贵的材料(Pt/IrO_2)是 PEM 电解槽成本和扩大应用的主要障碍。此外,使用铂或镀金钛材料,多孔传输层和双极板占总堆栈成本的比例显著。不过,虽然组件成本高,但是因其有快速启停特性,可以更好地适应可再生能源的波动性,PEM 制氢技术有很好的发展前景。

SOEC 制氢技术能耗最低、能量转换率最高,仍处于初期示范阶段。目前主要的挑战是耐久性,因此重大的进步对于该领域增加耐久性至关重要,通过提高电解质的电导率和优化化学稳定性和机械稳定性,调整电极材料的电化学表面性质和相容性,可以提高耐久性。而固体氧化物电解槽可在动态电力输出下工作,并不会有明显衰减。因此,固体氧化物电解水制氢技术有望实现大规模、低成本的氢气供应。

水电解制氢是目前全球脱碳最有前途的可再生能源载体,不仅能提高电网灵活性,而且可远距离运输和分配可再生能源,支持可再生能源更大规模的发展。作为媒介,氢气可促进可再生能源时空再分布,助力电力系统与难以深度脱碳的工业、建筑和交通运输部门建立产业联系,以不断丰富其应用场景。

2.3　风电制氢技术

据能源局数据显示,截至 2017 年底,我国可再生能源发电装机达到 6.5 亿 kW,同比增长 14%,其中,风电装机 1.64 亿 kW,同比增长 10.5%,可再生能源发电装机约占全部电力装机的 36.6%,同比上升 2.1%,可再生能源对化石能源的替代作用日益突显。2017 年我国风力发电量 3 057 亿 kW·h,同比增长 26.3%,弃风率为 12%。2017 年,全国风电弃风电量同比减少 78 亿 kW·h 时。风电作为一种清洁能源发展十分迅猛。虽然弃风问题有了较大幅度的缓解,但离可再生能源健康持续发展还有一定距离[56]。

如何破解弃风限电难题正成为研究重点之一。风电制氢技术为解决弃风问题提供新思路,对于解决风电就地消纳和发展分散式风力发电技术,实现可再生能源多途径高效利用具有重要意义。风电通过电解水制氢储能,一方面可将氢作为清洁和高能的燃料融入现有的燃气供应网络,实现电力到燃气的互补转换,另一方面可在燃料电池等高效清洁技术方面将氢能直接利用。

2.3.1 风电制氢分类与特征

1) 风电制氢分类

风电制氢系统被认为是一种"清洁高效的能源利用模式"。制氢系统的基本结构如图2-8所示,该模式的基本思路是将风力所发电量超出电网接纳能力的部分采用非并网风电模式直接用于电解水制氢,产生的氢气经过储存运输,应用于氢燃料电池等。风电制氢系统主要由风力发电机组、电解水装置、储氢装置、燃料电池、电网等组成。通过控制系统调节风电上网与电量比例,最大限度地吸纳风电弃风电量,缓解规模化风电"上网难"问题,利用风力发电的多余电量来电解水制氢,通过压力储氢、固态储氢等技术来提高氢的存储密度。

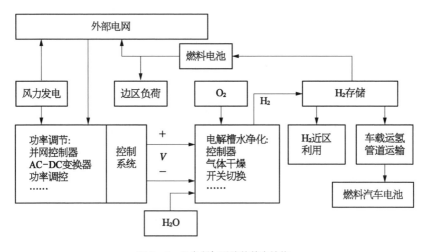

图2-8 风电制氢系统的基本结构

分类上,风电制氢根据安装和地理位置可分为陆上和海上风电。陆上风电安装在陆地上,而海上风电制氢安装在开放水域上。与陆上相比,海上风电的风力资源更多(大约是陆上的两倍)。而且当风力发电机安装位于近海时,其声学和视觉的影响是非常微不足道的,所以可以使用更大的区域。

海上风电制氢系统主要由海上风力发电机组、电解水制氢系统和氢储运系统组成。按照电解水制氢系统所处的位置不同,主要有2种不同的解决方案:一种是陆上电解水制氢方案,如图2-9所示;另一种是海上电解水制氢方案。而根据海上电解水制氢系统形式的不同,后者又可进一步分为集中式电解水制氢和分布式电解水制氢2种系统方案,分别如图2-10和图2-11所示。

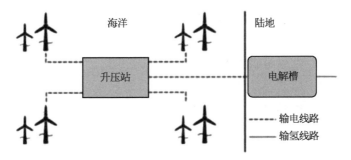

图2-9　陆上电解水制氢方案

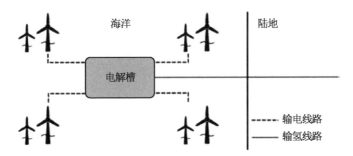

图2-10　海上集中式电解水制氢方案

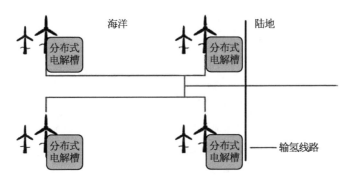

图2-11　海上分布式电解水制氢方案

对于陆上电解水制氢方案,海上风电机组产生的电力经海底电缆、升压站等设施输送至陆上电解水制氢系统,其优点是具有较高的灵活性,制氢系统可以作为电网调峰的有效手段,在陆上完成氢气的制取和储运,也具有系统安装维护方便的优势。但是在我国海上风电开发不断向远海深入的必然趋势下,海底电缆成本及海上升压站或换流站的建设运维成本不断增加,且在电力传输过程中存在一定的损耗。对于海上高压交流(HVAC)输电系统,当风电场装机容量500~1 000 MW、离岸距离50~100 km时,海缆损耗为1%~5%。对于海上高压直流(HVDC)输电系统,考虑到不同的风电场容量和离岸距离,海缆损耗为2%~4%。相比之下,海上输气管道的传输损耗低于0.1%,同时,与传输相同能量的等效海缆相比,海上管道的建设成本更低。因此,海上电解水制氢方案受到广泛关注,海上风电开始从输电向输氢方向转变。

在海上集中式电解水制氢方案中,海上风电机组产生的电力通过风电场集电海缆汇集到海上电解水制氢平台,在该平台完成制氢后,经由输气管道传输至岸上。其优点是可以借助已有的海上油气平台或油气管道,将油气平台改造为制氢平台,有效降低项目投资成本。

而在海上分布式电解水制氢方案中,不需要建设海上电解水制氢平台,取而代之的是在每台风电机组塔底平台上安装模块化的制氢设备,直接在风电机组侧制氢,产生的氢气通过小尺寸输气管道汇集到收集歧管,在这里压缩或直接通过更大直径管道传输至岸上。该方案最大限度地用输氢管道替换了海上输电设施,降低了能量送出成本,但风电机组侧模块化电解水制氢技术还有待进一步优化。

2）风电制氢特征

（1）风力发电机的高适应性。

风力发电机不仅要将电能通过变流装置输送至电网,同时也要将弃风能源为氢电解池供电,所以对风力发电机的适应性提出了较高的要求,即风力发电机需要具有很强的抗风波动的能力。

（2）电解池的高效性、高适应性和环保、安全性。

风电制氢电解池将风能转换为电能并电解制氢的过程需保证能源转换的高效性,同时,制氢功率的波动会对制氢装置寿命和氢气纯度产生很大影响,这对电解池提出了较高的要求。通过优化电解池的电极、催化剂等材料,降低电解成本;提高制氢效率;通过优化隔离膜等,提高性能,通过调节工艺参数的方式,提高电解池抗功率波动性,保证系统安全运行。

（3）风电制氢控制系统的灵活性、高效性、安全性。

风电制氢集成控制系统包括制氢、储氢及燃料电池等控制系统。通过制氢控制系统实现制氢功率的灵活分配,通过控制制氢电压保证制氢系统运行在高效的范围,并且通过一系列的控制保证制氢、储氢、用氢系统的安全运行,都是风电制氢的重要技术特征。

2.3.2　风电制氢技术研究

1）国外研究

传统的电解水制氢在电能产生的环节多少都会有污染物的排放,而风电制氢技术使用"绿色"电力,是真正意义上的清洁技术。近年来,国内外学者针对风电制氢的经济性与可行性进行了分析与验证。

佛罗里达大学的 Sherif 等对制氢技术进行了综述并指出利用风能发电制氢能够提高风力发电的竞争力。澳大利亚莫纳什大学的 Honnery 等对全球风电制氢的技术潜力进行了评估,并估算每年风电制氢技术潜力为 $11\ 610^{18}$ J。美国学者 Bartels 等从经济角度分析了风电制氢,得出结论是生产氢气是可行的。土耳其的 Genc 等对世界各国关于风能制氢和氢生产成本的研究进行了综述,并对土耳其风电制氢各地区的制氢经济性进行分析,根据风能成本计算制氢成本,并得出了珀纳尔巴舍等地区的氢能年产量。德国学者 Bhandari 等从生命周期评估角度对风电制氢进行分析,并得出了风电制氢是一种很好的制氢技术的结论。上述研究结果都指出了,风电制氢是环保可行的,风电制氢为解决弃风问题提供了新的思路。

近年来,国外学者也开始针对风电制氢的技术和理论展开了研究。西班牙的研究团队 Pino 等针对电解槽的运行温度对风电制氢系统的影响进行了分析,并将实际运行温度与额定运行温度下的氢生产效率进行了对比,得出了在实际温度下氢生产效率被高估的结论。西班牙萨拉戈萨大学的 Valdes 等对电解制氢风力发电厂提出两种优化控制风电制氢功率的方法,并进行了模拟。西班牙加迪斯大学的 Sarrias-Mena R. 等针对风电制氢,对电解槽和风力机的耦合运行进行了研究,并对比了所提出的四种不同电解槽的工作特性。

风电制氢项目最早由美国提出,他们提出通过发电机组阵列连接到电解堆的方式制取氢气。而在通过把风能转换为氢气来储存电能的领域,欧洲则处于领先位置。欧盟计划在 2060 年完全实现不依赖化石能源的可持续发展,而实现这一目标的重要一环就是将可再生能源以氢的方式大规模储存起来并加以应用。欧盟在希腊和西班牙分别实施了风电制氢示范工程,将风能与电解水制氢技术相结合,涉及氢能存储、燃料电池和反渗透海水淡化等技术,为能源存储、供电和供应淡水提供"绿色"氢能源。

目前国外海上风电制氢的典型项目主要集中在欧洲。2011 年德国勃兰登堡州建成并运营世界上第一座风力-氢气混合发电站。2014 年,德国提出用风力发电制取的氢气注入天然气网的构想,并建立示范工厂,这成为风电制氢的重要开端。美国国家可再生能源实验室和 Xcel 能源公司推出一个示范性风氢(Wind2H2)项目,该项目利用风力发电和光伏发电实现生产和储存氢,研究如何最大限度地提高可再生能源的使用及优化能量转移。此外,欧洲有大量的已建或待建海上风电项目作为支撑,最先进的绿氢全产业链技术在这里持续孵化。

Crivellari 等人归纳了离网型海上风能转换的 6 种不同的电力转化气体燃料和电力转化液体燃料策略的简化方案:将氢气掺入天然气或利用二氧化碳与氢

气反应产生合成天然气,并利用现有天然气管道输出;新建管道输出氢气;利用二氧化碳与氢气反应产生合成甲醇并通过运输船输出,如图 2-12 所示。同时,一套技术、经济、环境和盈利能力绩效指标被建立以分析上述 6 种方案。研究表明,利用现有天然气管道或建立新输送管道的方案有最优的绩效。除向电网供电外,向工业和移动行业销售纯氢和甲醇也产生了积极的净现值。

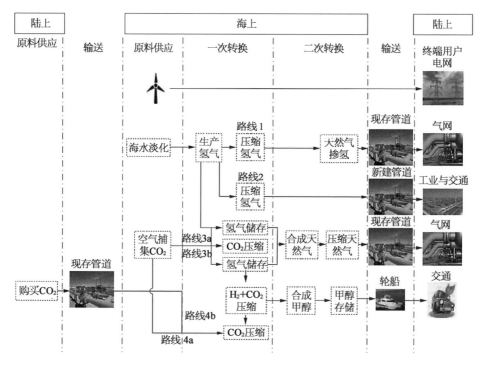

图 2-12　海上风能电产气和电产液路线简化框

荷兰的 Nort H2 项目是截至目前全球规模最大的海上风电制氢项目之一,该项目计划到 2030 年在北海建成 3~4 GW 的海上风电场,完全用于绿氢生产,并在荷兰北部港口埃姆斯哈文或其近海区域建设一座大型电解水制氢站;计划到 2040 年实现 10 GW 海上风电装机规模和年产 100 万 t 绿氢的目标。类似地,德国的 AquaVentus 项目旨在 2035 年就达成 10 GW 海上风电装机和年产 100 万 t 绿氢的目标。该项目包括了关于海上绿氢"制储输用"全产业链上的多个子项目,其中第 1 个子项目 AquaPrimus 计划于 2025 年在德国赫尔戈兰海岸附近安装 2 个 14 MW 的海上风电机组,每台风电机组的基础平台上都安装独立的电解水制氢装置;AquaSector 子项目将建设德国首个大型海上氢园区,计划到 2028 年安装 300 MW 的电解槽,年产 2 万 t 海上绿氢,并通过 AquaDuctus 子项目铺设的海底管道将绿氢输送到赫尔戈兰。

荷兰 PosHYdon 项目是全球首个海上风电制氢示范项目,为了实现海上风电、天然气和氢能综合能源系统的一体化运行,选择海王星能源公司(Neptune Energy)完全电气化的 Q13a - A 平台作为试点,计划安装 1 MW 电解槽,验证海上风电制氢的可行性,并将氢气与天然气混合,通过现有的天然气管道馈入国家天然气管网。

欧洲 OYSTER 项目在欧盟委员会推出的"燃料电池和氢能联合计划"资助下,开展了将海上风电机组与分布式电解槽直接连接,以及将绿氢运输到岸的可行性研究。该电解槽系统采用紧凑型设计,集成海水淡化和处理工艺并安装在海上风电机组基础平台上。该项目计划于 2024 年底投产。

国外的风电制氢技术有了较快的发展,但仍然存在制氢效率偏低、制氢能耗高等问题。利用风电制氢技术来获得更低生产成本的氢气,必然是氢能源推广应用的有效途径。总体来讲,风电制氢技术尚处于理论研究阶段,很多研究才刚刚起步,仍有许多亟待解决的问题:如高适应性的风力发电机,针对宽功率波动电能的功率控制与调节方法,适应宽功率波动的高功率制氢设备,更加高效节电的制氢技术,风电制氢的集成控制及安全等。同时更加高效安全的储氢技术及燃料电池技术等也对氢能的长远发展起着至关重要的作用。

2)国内研究

国内的风电制氢技术的研究起步相对较晚,但近年来,国内也对风电制氢的技术问题进行了初步的研究。有关专家基于 1.5 MW 风电制氢系统进行了建模分析与仿真研究,建立了不同温度时电解槽相关仿真及不同风速下风电水电解制氢系统仿真模型,仿真结果证明了该系统的可行性;对水电解制氢装置的宽功率波动适应性进行了研究,通过对各工艺参数进行调整的方法,研究传统水电解制氢装置在风电宽功率波动条件下的适应性;设计了风电制氢-燃料电池微网实验系统,为风能资源的有效利用提供了技术参考和相应工程示范;提出基于近似动态规划的微网实时能量管理策略,采用分段线性函数近似状态值函数以应对不确定性因素,通过算例验证所提策略的有效性和优越性,在所提策略下,海上风电通过电制氢装置就地消纳,实现氢气的提前制备和存储,以具备精准预测技术的理想算例为基准,所提策略在满足正态分布的实时测试场景下,优化准确率平均值大于 99%;构建了风-氢能源系统,在此基础上首先利用具有噪声的基于密度的聚类算法和有序聚类算法对采集的 1.5 MW 风力发电机出力和电负荷数据进行分类,并将分类结果归算为 6 个典型日,然后以系统投资成本,运行成本和维护保养成本最小为目标函数,利用粒子群算法对系统各储能单元进行容量优化配置。

我国相关的项目与工程有:2016 年我国首座风电制氢的 70 MPa 加氢站

（同济-新源加氢站）在大连建成，实现了关键设备的自主创新[57]；2017年国内首个风电制氢工业应用项目——河北沽源风电制氢站顺利开工，它是全球最大容量风电制氢工程，为实现风电制氢规模化和产业化提供经验和基础。2018年1月，同济大学承担的"十二五"863计划先进技术能源领域"基于可再生能源控制/储氢的70 MPa加氢站研发及示范"项目顺利通过科技部高新司组织的项目验收，标志着中国在氢能技术领域的研究处于国际先进水平。

我国海上风电制氢从2020年起步，但在"双碳"目标和相关政策指引下，各级政府及企业加快相关布局，海上风电制氢项目也正蓄势待发[58]。

地方规划方面，广东省印发《促进海上风电有序开发和相关产业可持续发展的实施方案》，提出推动海上风电项目开发与海洋牧场、海水制氢等相结合；福建省漳州市印发《漳州市国民经济和社会发展第十四个五年规划和二〇三五年远景目标纲要》，提出将加快开发漳州外海浅滩千万千瓦级海上风电，布局海上风电制氢等氢能产业基地，发展氢燃料水陆智能运输装备，构建形成"制氢—加氢—储氢"的产业链；《浙江省可再生能源发展"十四五"规划》提出，集约化打造海上风电+海洋能+储能+制氢+海洋牧场+陆上产业基地的示范项目；《山东省能源发展"十四五"规划》提出，积极推进可再生能源制氢和低谷电力制氢试点示范，培育风光+氢储能一体化应用模式。

企业布局方面，国家能源投资集团有限责任公司与山东省港口集团签署战略合作协议，联合探索"海上风电+海洋牧场+海水制氢"融合发展模式；中国海洋石油总公司与林德合作并成立氢能运输联盟，与同济大学共同开展海上风电制氢工艺流程及技术经济可行性研究；中国船舶集团风电发展有限公司与大船集团、中国科学院大连化学物理研究所、国创氢能科技有限公司四方签约，共同推进海上风电制氢制氨及其储运技术与装备的研发及产业化；青岛深远海200万kW海上风电融合示范风电场项目将推动海上风电+制氢储氢融合试验与示范应用；大连市太平湾与三峡集团、金风科技联合宣布将共同建设新能源产业园，重点发展海上风电、氢能为主的新能源产业，计划通过风电制氢、储氢、运氢及氢能海洋牧场利用等培育氢能产业链条。

2.3.3 风力发电关键技术

1）风力发电机技术

根据风轮机与发电机的连接方式，风力发电机可分为直驱风力发电机和非直驱风力发电机，其中非直驱风力发电机包括双馈异步风力发电机和半直驱风力发电机。双馈异步风力发电机与直驱永磁风力发电机在调速范围和能量传递方面无太大差别。双馈异步风力发电机的无功调节范围较大,电能质量较高,但其控制方式较为复杂。直驱永磁风力发电机主要通过增加磁极对数从而降低电机的额定转速,减少了增速齿轮箱部件,其性能可靠性远远高于双馈式,不需要无功补偿装置,虽然风能利用率相对较高,但造价高、损耗较大。目前风电机组向着"大容量、轻量化、高可靠"趋势发展。对于风力发电场,建设成本将占投资的70%。风力发电机越大,发电机的连接和维护成本将显著减少。

目前,主流风力发电机为直驱永磁风力发电机。随着功率等级的升高,传统永磁风力发电机的体积重量将成倍上升,这意味着超大功率等级的传统风力发电机其运输成本与吊装成本极高。增加风力发电机的功率密度以减小其体积和重量也是目前的研究热点。Sethuraman 等人利用机器学习和多材料增材制造实现磁拓扑优化,提出了一种 15 MW 直驱永磁风力发电机新设计,可实现发电机减重 15.1 t。在此基础上,又提出了一种直驱永磁风力发电机形状优化方法[59],改变贝塞尔曲线上的控制点来研究不同磁铁形状对风力发电机性能的影响并通过优化控制点使扭矩密度最大化。通过增材制造,利用该方法产生的平滑风力发电机形状最多可以为 15 MW 直驱永磁风力发电机减重 20 t。

超导材料高于传统铜线 100 倍的超强载流能力,使超导风力发电机的功率密度极高,其体积与重量可降到传统电机的一半以下,可以从根本上解决目前海上风力发电机面临的扩容难题。凭借在美军项目中船舶推进电机上的技术积累和自身超导领域的技术研发实力,美国超导公司的 Seatitan 风力发电机组技术理论上可设计直径约为 5 m,质量约 160 t 的 10 MW 高温超导直驱发电机,而同输出功率的直驱永磁风力发电机直径要达到 10 m,质量也要超过 200 t[60]。有关专家将遗传算法与有限元分析相结合,对基于田口法敏感性分析确定的影响变量进行优化,提出了一种高温超导调制永磁风力发电机的优化设计方法。韩国国立昌原大学的 Kim 等设计了大型高温超导风力发电机性能评估系统,可以在制造发电机之前对高温超导线圈和电枢在高扭矩和电磁力下的结构稳定性进行物理测试,将有助于研究和制造大型高温超导风力发电机。

2）风电电解水制氢技术

目前,主要有 2 种电解水制氢技术用于风电制氢的商业生产:碱性电解制氢和质子交换膜电解制氢。正在进行深入研究和开发的技术是固体氧化物电解制氢和阴离子交换膜技术。

碱性电解制氢是当前最成熟、市场应用最广泛的技术,但与其他技术相比,它存在许多缺点,例如气体纯度较低、操作压力较低和能耗较高。由于工作压力较低,下游应用需要额外的氢气压缩。研究人员目前正在从不同方面努力提高其性能。

质子交换膜电解制氢具有启动快速、高电流密度、高输出压力及超过额定功率运行等特点,其电解槽占地面积更小及在各种条件下可灵活操作的特性,使其很适合与海上风电耦合组成海上风电制氢系统。预计在未来几年中,质子交换膜电解制氢技术将通过降低电极铂等金属的含量或开发出成本更低的材料,以及对质子交换膜材料和催化剂的深入研究,实现该技术的成本降低和广泛应用。

固体氧化物电解制氢是 3 种技术中最新的一种,与其他 2 种技术相比,固体氧化物电解槽的制作无须任何贵金属且具有更好的效率。由于工作温度高,使其目前适用于许多工业过程中的废热回收,而不适合有间歇性和波动性的风电。对于上述电解水制氢技术的详细介绍可参见上一小节。

水电解制氢的关键是降低电解过程中的能耗,提高能源转换效率。水电解制氢系统包括电解槽制氢和氢气净化两个系统,电解槽水电解过程中,在电解液中加入添加剂,或低电流密度运行,降低氢气生产单位电耗,节省用电。针对电解液的材料进行改进和针对氢净化系统的控制技术进行改进,均可减小耗电,提高制氢效率。

3)风电制氢的集成控制

风电制氢作为一种新兴产业,因其自身发展和生产性质特点,未形成固定模式,其运行管理包含氢气制备、传输和应用环节中的安全服务工作,保证氢气质量标准,降低各种损耗,提高经济效益,确保运行安全和人身安全。风电制氢-燃料电池系统由风力发电系统、电解制氢系统、压缩储氢系统、燃料电池系统及相关协调控制单元组成。风力发电系统及电解制氢系统通过判断弃风量大小来确定是否开始制备氢气;根据风电并网的容量和质量及本地负荷的实际需求和储氢系统的运行情况等协调控制,决定了燃料电池系统与其他系统之间的工序协作。在风电制氢产业链中,包括氢气制备在内,氢能传输、应用及加氢站各个环节都对消防、安全和管理提出了极高要求,包括氢气的升压、储存和加注技术及其系统,除满足耐压特性外,对流速和流量信息也有精确要求,同时还需满足计量收费的要求。

电解制氢系统控制主要包括输出电压控制、压力控制、液位控制、电解槽温度控制、电解槽循环量的控制、氢氧纯度的控制等。输入端经变压器和整流柜整定出供电解槽使用的直流电,需要整流柜控制输出电压,保证制氢系统的运行功率在 0~100% 可调。电解制氢设备设定可正常运行的工作压力,确保设备启动后,压力可以在 50%~100% 额定工作压力范围内可调。氢气和氧气可通过电解液液位控制实现隔离,避免发生爆炸。电解槽温度控制是确保隔膜无损坏的关键。电解液在系统内不断循环以带出设备产生的气体和热量,有效避免电解槽干烧现象。电解制氢设备中需加入氢氧浓度分析测试系统实现氢气纯度的监测和控制,若氢气纯度达不到要求时控制电解系统停止运行,防止爆炸,保证制氢安全。

　　压缩储氢系统的控制策略主要包括充氢过程和供氢过程控制策略。压缩储氢系统包括缓冲瓶的压力传感器、高压储氢瓶的高压压力传感器、温度传感器和供储系统中的氢气泄漏传感器等。供氢过程的控制主要通过给高压储氢装置发送信号完成供气过程，高压储氢装置通过减压器进行氢气的释放，在减压器设有低压压力传感器，可监测减压器是否故障，保证储氢供气系统安全运行。

　　燃料电池系统主要包括辅助系统、散热系统、主机系统等，燃料电池在收到系统的开关机命令后，辅助系统启动并自检，自检成功后反馈燃料电池系统的最大输出能力和最大加载能力，控制系统通过对变流器目标功率的控制，控制燃料电池系统的输出功率。风电制氢与微网部分的基本控制框架如图 2-13 所示。

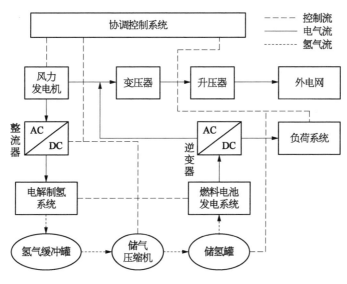

图 2-13　风电制氢基本控制框架图

　　针对风电制氢中主要应用直流的特点，开展相应的直流微网研究是目前的研究重点之一。直流微网是由分布式发电单元、储能装置及负荷按照一定拓扑结构组成的网络。风电产生的电能可简单变流之后通过制氢的方式并入直流微网，通过储氢系统和燃料电池完成电能的存储转换；电能再经升压变流之后，在需要的时候为用户负载或电网提供电能。微电网控制灵活、能源利用率高，适合风电制氢中电解负载对风能变化灵活调整和组合的特点，在解决宽功率范围风能波动、高适应性能量转换、离/并网切换、负荷供电可靠性上有着极大的优势。风电制氢技术中引入直流微网为分布式能源开发和多能耦合储输系统应用和研究提供了新的方向。在满足本地用户对电能质量和安全要求的同时，大大减小了对电力系统或分布式能源的影响。风电并网与离网的协同运行，既可使风能利用率提高，又可以减小对电网的冲击，同时灵活地为用户负载及电网完成电能输送,是一种灵活、可靠、环保的技术方案。

目前,一方面风电制氢能改善风力发电大量"弃风"问题,另一方面氢能作为一种清洁高效能源在当前具有很大的应用潜力。氢气是最重要的工业气体和特种气体,在许多领域和行业有着广泛的应用。风电制氢根据安装和地理位置可分为陆上风电和海上风电。与陆上风电相比,海上风电具有更高的风能利用率、更高的容量因数和更高的社会接受度。综合发展海上风电制氢技术,可以有效提高海上风能的利用率,绿氢也可以助力沿海地区能源密集型产业脱碳,推动沿海各国减少碳排放。

在倡导绿色发展的时代,氢能作为一种清洁能源有望得到巨大发展。风电制氢发电机技术、电解水制氢技术、氢储运技术和风电制氢集成控制系统是风电制氢系统的关键核心技术。在现有发电机基础上专门设计面向风电制氢应用的高经济性和高适应性的风力发电机尤为迫切;PEM 电解水制氢技术因响应速度快、占地面积小、与可再生能源匹配性好等优势,而成为海上风电制氢技术发展的热点,如何降低其组件的成本是关键问题;氢储运技术方面,高压气态储氢是目前最成熟的储氢技术,压力容器的安全性设计、材料选择和制造工艺是该项技术的研究重点;风电制氢的风力发电系统、电解制氢系统、压缩储氢系统、燃料电池系统及相关协调控制单元具有重大意义,针对风电制氢的更稳定的控制系统将是未来研究的重要方向。

2.4 太阳能及光解水制氢技术

太阳能取之不尽,用之不竭,实现对其开发和利用俨然成为国内外关注的焦点,但因气候、地理位置、昼夜交替等多方面因素,太阳能的利用存在不连续性和波动性等缺陷,是可再生能源发电过程中的主要障碍。太阳能制氢是一种具有吸引力和现实意义的办法,不仅克服了太阳能间歇性和波动性的缺陷,将太阳能转换成可储存、运输、燃烧热值高的清洁能源——氢能,也给未来太阳能转换技术指引了一个可研究的方向。根据能量转化方式及系统组成,太阳能制氢大体可分为三种技术路线:太阳能热分解制氢,太阳光解水制氢和光伏发电-电解水制氢。

2.4.1 太阳能热分解制氢

太阳能热分解水制氢技术主要是指直接热分解法和热化学循环法

（thermochemical water-splitting cycle，TWSC）制氢。直接热分解法是直接利用太阳能聚光器收集太阳能将水加热到 2 500 K 高温下分解为 H_2 和 O_2。太阳能热分解水制氢技术的主要问题在于高温太阳能反应器的材料问题和高温下 H_2 和 O_2 的有效分离，因此光热制氢研究主要致力于热化学循环法制氢。一般过程：还原态催化剂在低温区（500~1 300℃）与水反应，生成氢气和氧化态催化剂；再使氧化态催化剂在高温区（>1 300℃）热解为氧气与还原态催化剂，反应过程中热能基本上转变为化学能，制氢效率高，能耗低。热化学循环法主要是由热能驱动的，因此，太阳热化学循环的效率在理论上高于光伏发电制氢。从经济角度考虑，热化学循环法也被认为是进行大规模制氢的潜在方案。

　　如图 2-14 所示，根据循环中所涉及的反应次数，热化学循环法可以分为二步循环、三步循环和四步循环等步骤更多的循环。二步循环通常要求反应温度超过 2 000 K。三步循环的温度要求可以降低到小于 1 200 K，四步循环的温度要求可以小于 800 K。除了通过增加反应步骤数来降低反应温度外，还可以用电来代替高温反应，然而，电力的增加通常会使这一过程复杂化。并非所有类型的热化学循环都适合于综合设计和工业化。

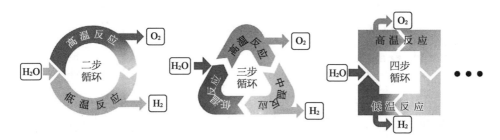

图 2-14　基于反应步数的热化学循环分类

　　如图 2-15 所示，总结了不同热化学循环法的化学方程、反应温度及吸热和放热特性，当需要电力时，它也会有标记。金属氧化物族的三个热化学循环的最高反应温度均在 1 000℃以上。硫族的 V-Cl 循环和 Fe-Cl 循环的最高反应温度在 500~1 000℃，而 Cu-Cl 和 Mg-Cl 循环的最高反应温度低于 500℃。

　　来自金属氧化物族的热化学循环存在三个关键问题：温度过高，材料稳定性差，实际操作困难。与 Ce_2O_3/CeO_2 和 FeO/Fe_3O_4 循环相比，Zn/ZnO 循环具有更高的氧交换能力和更快的水解速率，因此更容易产生氢[61]。但是，如果在还原过程中没有及时进行分离，锌蒸气会与 O_2 重组，导致氧化锌的转化率降低。虽然有学者提出，产品可以通过淬灭及时分离，但使用这种方法会导致很大的能量损失。对于非挥发性金属氧化物循环，如 CeO/Ce_2O_3 循环，其优点是

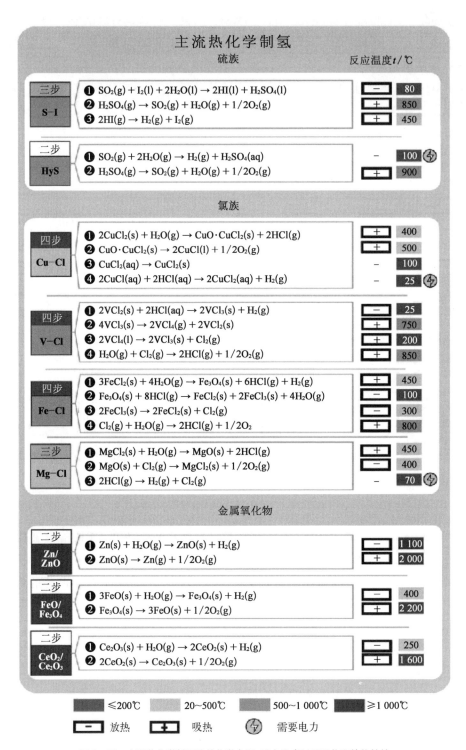

图 2-15 主要热化学循环法的化学方程、反应温度以及吸热和放热特性

材料在反应过程中保持固体,提高了循环的可持续性。使用低价金属氧化物掺杂的 CeO 可以降低还原温度。然而,这种掺杂使金属氧化物粉末更有可能烧结,从而降低了产氢率。FeO/Fe_3O 循环具有较高的理论产氢率、低成本和易于获得的原材料。然而,获得高产氢率需要高达 2 200 K 的高温。这个温度超过了 Fe_3O_4 的沸点,这很容易导致材料的气化和烧结。虽然掺 Ni、Zn、Co 可以降低还原温度,但反应中仍存在烧结问题。金属氧化物家族的温室气体排放在上述热化学循环中是最高的,因为产品的猝灭和分离需要大量的电能。最具代表性的 Zn/ZnO 循环的二氧化碳排放量接近 12 kg CO_2 eq/kg H_2,是 S-I 循环的 20 倍。

来自硫族的热化学循环被认为具有工业化的前景,在帮助缓解全球变暖的潜力方面优于来自氯族的热化学循环。S-I 循环的理论效率为 51%[62],该循环的原料丰富且相对便宜。S-I 循环的主要问题是硫酸分解所需的温度相对较高,在这样的高温下,硫酸的高腐蚀性对反应堆的设计提出了挑战。此外,本生反应后的两相分离与 HI 的浓度和分解是复杂的。HyS 循环的优点是它具有更少的反应步骤,并且在效率、成本和环境友好性方面可与 S-I 循环相媲美。HyS 循环通过使用电解槽生成 H_2SO_4 和 H_2,避免了 HI 的分解。然而,需要注意的是,在电解槽中产生的硫酸会导致电极和膜的腐蚀,来自阳极室的 SO_2 可以通过膜到达阴极,导致电解效率降低,反应产物被堵塞。对于 S-I 循环的安全性,HyS 循环含有两种有毒和腐蚀性气体:H_2SO_4 和 SO_2。如果反应器或管道被硫酸腐蚀,大量高浓度高温硫酸蒸汽和有毒二氧化硫将从裂缝中泄漏,危及工人安全。除 H_2SO_4 和 SO_2 外,S-I 循环中包含的 HI 和 I_2 蒸汽也是剧毒反应物,这使得 S-I 循环的风险水平高于 HyS 循环。硫族的 GWP 值接近 0.5 kg CO_2 eq/kg H_2,其 GWP 值最低,说明其具有较高的环境友好性。

来自氯族的热化学循环的困难和挑战在于它们涉及反向 Deacon 反应:$Cl_2(g) + H_2O(g) \longrightarrow 2HCl(g) + 1/2O_2(g)$。为了防止反向 Deacon 反应的发生,通常采用淬灭法及时分离产物,但该方法会浪费热能,降低能源效率。Fe-Cl 循环的原料相对便宜,但理论效率仅为 30%,且该循环的 GWP 值是相对较高的。此外,氢化反应和 $FeCl_2$ 生成反应的转化率较低。利用挤压分析计算出 V-Cl 循环的理论最大效率为 65%。然而,产物和反应物的分离仍然比较困难,产率较低,效率仅为 31%~46%。Cu-Cl 循环有三步、四步和五步变体。四步 Cu-Cl 循环比其他变体需要更少的热量,并且在酸化潜力、GWP 和臭氧消耗潜力方面表现更好,这意味着它是更环保的。Cu-Cl 循环的最高反应温度较低,能量效率可达到 55%。这个循环不需要任何催化剂,而且所有的步骤都已被证明是可以在实验室规模上实现的。对水解反应和电解反应的研究和优化是目前学者们关注的问题。Mg-Cl 循环的能量效率与 Cu-Cl 循环非常接近。虽然在 Mg-Cl 循环中不存在反向 Deacon 反应,但该循环需要大量的电力,且成本和 GWP 也高于 Cu－Cl 循环。关于氯族的安全,在这些循环中存在的有毒和腐蚀性的盐酸气体是对工人健康的最大威胁。氯族的风险水平与 HyS 循环相同,且低于 S－I 循环。氯族的 GWP 值较低,具有高环境友好性。

2.4.2　太阳光解水制氢

直接光解水制氢主要有两种方式:光催化制氢和光电催化制氢。两者的反应原理均为半导体光催化剂受光激发,发生电子跃迁导致电子和空穴分离,进而将水还原产生氢气,区别在于前者是光活性材料分散在水溶液中,后者用光活性材料作电极,组成光电化学池。

1) 光催化制氢

太阳光催化分解水制氢技术的原理类似于太阳光电分解水制氢,但不同的是光阳极和阴极并没有像光电分解水制氢一样被隔开,而是阳极和阴极在同一粒子上,H_2O 分解成 H_2 和 O_2 的反应同时发生。太阳光催化分解水的反应相比光电分解水,反应大大简化,但由于 H_2O 分解成 H_2 和 O_2 的反应同时发生,同一粒子上产生的电子空穴极易复合。所以抑制光催化逆反应是推动光催化分解水制氢技术的关键。

光催化制氢领域主要致力于以下几方面研究:添加光解水反应辅助供能的氧化还原对实现光催化全解水研究,不依靠辅助剂或反应物的直接光解水及改善反应器设计等研究。M Higashi 等利用 IO_3^-/I^- 氧化还原对,在 Pt－WO_3 或 RuO_2－TaON 表面实现光解水析氧。研究表明,将含有 d_0 和 d_{10} 过渡族金属的光伏半导体材料与高效电解水催化剂 RuO_2、Cr、NiO 等形成光电极材料－催化材料结合的共催化结构,可实现不依靠辅助剂或反应物直接光解水。Yosuke Goto 等基于 Al 掺杂 $SrTiO_3$ 催化剂设计制备了一种超薄光解水制氢反应板,降低了氢气、氧气共同产生造成的爆炸危险,具有实现规模化生产的潜力。

中国科学技术大学微尺度物质科学国家实验室基于量子化学理论,设计了太阳能制氢储氢一体化的材料体系,这是一种"三明治"结构材料体系,如图 2-16 所示结构,其中碳氮材料成了 2 层官能团修饰的石墨烯的"夹心"。这种夹心的"三明治"结构可以同时吸收紫外光和可见光,利用源源不断的太阳光能产生正负电荷。带有能量的正负电荷将迅速分离并分别跑到外层石墨烯和碳氮夹心层,充分施展出二者各自的能力。

H_2O 分子遇见外层的正电荷会发生分解,产生质子。这些产生的质子通过夹心层碳氮上的负电荷召唤,穿透石墨烯材料,运动到内部的碳氮材料上,与电

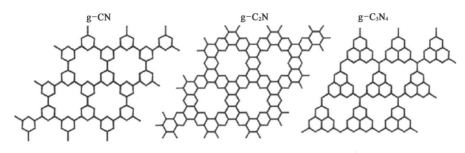

(a) 石墨相碳氮化物CN、C₂N、C₃N₄的模型

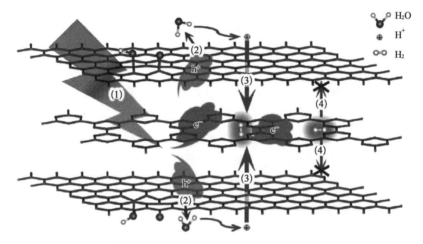

(b) 光催化（光解水）产氢及其胶囊化储存示意图

图 2-16　光催化产氢及其胶囊化储存示意图

子发生反应产生 H_2。由于石墨烯对质子有选择性,光解水产生的 H_2 无法穿透石墨烯材料,只能停留在"三明治"复合体系内;同时,石墨烯的这种选择性也使得氧原子 O 与分子 O_2,羟基- OH 等无法进入复合体系,抑制了 O 与 H 重新变为 H_2O 的逆反应发生,如图 2-17 所示,有望实现高储氢率下的安全储氢。

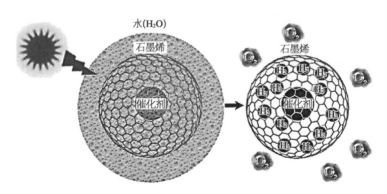

图 2-17　太阳能驱动生成的 H_2 分子被石墨烯材料巧妙安全封装

而这个"三明治"复合体系将不仅仅局限于石墨烯和碳氮材料,其他经官能团修饰的低维碳材料(如富勒烯,碳纳米管等)和光催化剂也可以用于这一复合体系中。

2) 光电催化制氢

太阳光电解水制氢技术主要是由光阳极和阴极共同组成光化学电池,在电解质环境下依托光阳极来吸收周围的阳光,在半导体上产生电子,之后借助外路电流将电子传输到阴极上。H_2O 中的质子能从阴极接收到电子产生的 H_2。在太阳光电解水制氢的过程中,光电解水的效率深受光激励下自由电子空穴对数量、自由电子空穴对分离和寿命、逆反应抑制等因素的影响。但受限于电极材料和催化剂,早前研究得到的光电解水效率普遍不高,均在 10% 左右,性质优异的半导体材料如双界面 GaAs 电极也仅能达到 13% 左右。

光电催化制氢目前主要有两个研究方向:提高半导体光电极性能和改善光电化学池结构。加州理工学院、剑桥大学、伊尔梅瑙工业大学和弗劳恩霍夫太阳能研究所的联合研究团队,通过将由 Rh 纳米颗粒和结晶 TiO_2 催化剂涂层制备而成的太阳能电池串联,成功地将太阳能直接分解水制氢的效率提高到 19%。研究团队将额外的功能层与 Ⅲ-Ⅴ 半导体制成的高效串联电池相结合,显著降低了电池的表面反射率,从而避免由光吸收和反射引起的能量损失。莫纳什化学院的 Leone Spiccia 教授应用泡沫 Ni 电极材料,使电极表面积大大增加,从而有效利用太阳光各波段光谱的能量,大大提高太阳能光电转换利用率,其技术使太阳能光电电解水制氢效率达到了 22%。

光电化学池结构目前主要有双电极、混合光电极及 Tandem Cell 三种结构。双电极结构由 n 型光阳极和 p 型光阴极构成,两电极均产生光电压,足够使水分解制氢。混合光电极结构利用其内部偏压,避免了外电路损耗,提高了系统效率。Tandem Cell 结构将不同带隙的半导体层连接,可吸收全波段太阳光,在无偏压下也可制取氢气,商业化潜力巨大。

2.4.3　光伏发电-电解水制氢

光伏发电与电解水制氢耦合有两个优势:一是可解决光伏发电功率瞬时波动小、日波动大的问题;二是光伏发电直接产生直流电,光伏阵列与电解槽阵列的直接耦合,可以减少直流交流的能量损失。光伏发电-电解水制氢的能量转换效率及制氢成本等主要涉及:研究新型光伏材料,提高电解水电解效率和优化设计光伏发电-电解水制氢连接方式。

发展低成本且光电转换性能优异的光伏材料替代晶硅材料,如铜铟镓硒(CIGS)和碲化镉薄膜材料,以及导电性优异的石墨烯、光电转换性能优异的 C_{60}

等光伏发电材料,重点在于电极、隔膜、催化剂材料等关键技术的研发。可通过对质子交换膜电解槽的双极板进行防腐蚀保护,开发耐腐蚀及介质易扩散的膜电极及研究新型高效稳定的非贵金属基催化剂、降低贵金属负载量等方法可降低制氢成本;Z. Yang 等建立了由光伏发电和 PEM 电解槽组成的直接耦合制氢系统。通过实时改变串-并联光伏电池的数量来匹配直接连接的 PEM 电解槽,使系统在不同光照条件下维持最大效率,提升设备经济性。随着光伏电价下降,光伏发电制氢技术将是成本最低的可大规模应用的可再生能源制氢方式。

太阳能光解水制氢技术对比见表 2－7,四种技术相比之下,太阳能热分解水制氢技术综合性能更优,其制氢效率高、清洁环保、方法简单,仅仅是工作环境需要高温,故对仪器有极高的要求。其中热化学循环法制氢的反应过程中热能基本上转变为化学能,制氢效率高,能耗低,太阳热化学循环的效率在理论上高于光伏发电制氢,被认为是进行大规模制氢的潜在方案。

表 2－7　太阳能光解水制氢技术对比

制氢技术	原　　理	效率	优　缺　点
光催化制氢	利用可见光的催化材料催化分解水,产生氢气	较快	可用催化材料多,但转换率低,易发生可逆反应
光电催化制氢	太阳光使半导体电极在水中发生氧化还原反应,产生氢气和氧气	－	原理简单,操作复杂困难
太阳能热制氢	利用聚光器直接加热水,使其温度达到 2 000℃以上,将水分解为氢气和氧气	最快	清洁环保,方法简单,效率高,需要高倍聚光器才能获得足够高温度
光伏发电-电解水制氢	光伏发电直接产生直流电,光伏阵列与电解槽阵列的直接耦合用于制氢	较快	可解决光伏发电功率波动问题,但耗能大、制氢成本高

光催化制氢直接利用一次能源,没有能源转换所产生的浪费,理论上简单高效。然而,这种制氢方法仍处于初期研发时期,技术目前难点是催化剂研制,存在制氢效率低等问题。光电催化制氢也是理论上简单高效,但实际操作复杂困难,难以大规模制氢。

太阳能热制氢清洁环保,方法简单,效率高,但需要高倍聚光器才能获得足够高温度,并且目前建设成本较高,技术不够成熟,需要进一步完善。

太阳能制氢技术仍处于实验室研究阶段,目前美国斯坦福大学、中国清华大学、中国科技大学、中国科学院大连化物所等都在进行光催化制氢技术的相关研究。随着更多的研究关注,政策的扶持,资金大量的投入,技术的开发和进步将会越来越快,太阳能制氢技术将能进一步完善。

2.5　生物制氢技术

生物制氢是一种通过化学或生物方法获得氢的方法,生物制氢生产的原料可以从各种来源获得,如能源作物、农业残留物、林业废物和残留物、工业和城市废物。生物质中的碳不是来自化石能源,而是来自大气中植物捕获的二氧化碳。在生物氢生产过程中产生的二氧化碳是碳元素的循环和碳中和排放过程。因此,与传统的制氢方法相比,生物制氢方法基本上是碳中和的[63]。生物质制氢将最终实现可持续清洁能源的目标,相应的技术将具有较高的经济潜力,从而具有发展前景[64]。

生物制氢法包括生物方法和化学方法。从本质上讲,它以光合作用产生的生物质为基础,具有原料大量储存、节能、环保、性能优良等优点。因此,它已成为制氢领域的一个广泛关注的研究课题。图 2-18 为生物制氢技术的具体分类。

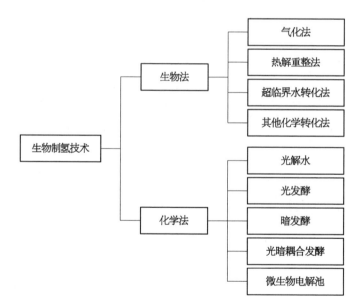

图 2-18　生物质制氢技术分类

2.5.1　化学法制氢

1）气化制氢

气化制氢是指在气化剂(如空气、水蒸气等)中,将碳氢化合物转化为含氢可燃气体的过程,该技术存在焦油难控的问题。目前生物质气化制氢需要借助催化剂来加速中低温反应。生物质气化制氢用到的反应器分为固定床、流化床、气流床气化器。

气化制氢流程如图2-19所示。生物质进入气化炉受热干燥,蒸发出水分(100~200℃)。随着温度升高,物料开始分解并产生烃类气体。随后,焦炭和热解产物与通入的气化剂发生氧化反应。随着温度进一步升高(800~1000℃),体系中氧气耗尽,产物开始被还原,主要包括鲍多尔德反应、水煤气反应、甲烷化反应等[65]。生物质的气化剂主要有空气、水蒸气、氧气等。以氧气为气化剂时产氢量高,但制备纯氧能耗大;空气作为气化剂时虽然成本低,但存在大量难分离的氮气。表2-8为不同气化剂对生物质制氢性能的影响。

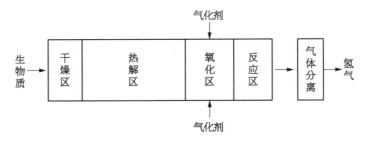

图2-19 生物质气化制氢流程图

表2-8 不同气化剂下生物质制氢结果

气化剂	产气热值/(MJ/m³)	总气体得率/(kg/m³)	氢气含量/%	成本
水蒸气	12.2~13.8	1.3~1.6	38~56	中
空气/水蒸气	10.3~13.5	0.85~1.14	13.8~31.7	高
空气/水蒸气	3.7~8.4	1.25~2.45	5~16.3	低

生物质气化产生氢[113]的反应涉及很多。主要反应如下:

$$C + O_2 \longrightarrow CO_2 \qquad (2-30)$$

$$2C + O_2 \longrightarrow 2CO \qquad (2-31)$$

$$C + CO_2 \longrightarrow 2CO \qquad (2-32)$$

$$C + H_2O \longrightarrow CO + H_2 \qquad (2-33)$$

$$C + 2H_2O \longrightarrow CO_2 + 2H_2 \qquad (2-34)$$

$$CO + H_2O \longrightarrow CO_2 + H_2 \qquad (2-35)$$

$$CH_4 + H_2O \longrightarrow CO + 3H_2 \qquad (2-36)$$

$$C + 2H_2 \longrightarrow CH_4 \qquad (2-37)$$

这些反应解释了在制氢过程中会产生 H_2、CO、CO_2、CH_4 和其他小分子碳化物。此外,每个化学反应的温度通常为 $450 \sim 1\,000$℃。Yan 等讨论了在固定床中以农业废弃物为原料时,反应温度和蒸汽流量对产氢气气化的影响。结果表明,较高的气化反应温度和适当的蒸汽流量可以导致更高的气体产生。在 850℃、蒸气流量为 $0.165\,\text{g} \cdot \text{min}^{-1}/\text{g}$ 生物质时,气体得率达到了 $2.44\,\text{N} \cdot \text{m}^3/\text{kg}$ 原料,碳转化率高达 95.78%。

Zhang 等讨论了反应温度和钾盐催化剂对生物质煤气化制氢的影响。研究表明,在 $600 \sim 700$℃条件下,K_2CO_3 与 CH_3COOK 均对气化制氢产生促进作用。在 700℃,K_2CO_3 用量为 20%时,碳的转化率达到 88%,此时得到的气体中氢气含量为 73%。以 KCl 为催化剂,生物质气化过程中的碳转化率及氢气得率则呈现下降趋势,因而在生物质气化中应避免 KCl 的使用。

相关专家以松木屑为原料,水蒸气为气化剂,使用镍基复合催化剂 Ni - CaO,在固定床气化炉中进行气化反应。当催化剂与原料质量比由 0 增加至 1.5 时,氢气体积分数由 45.58%增加至 60.23%,氢气得率由 38.80 g/kg 原料增加至 93.75 g/kg 原料;温度由 700℃升温至 750℃时,燃气中氢气的体积分数由 54.24%增加至 60.23%,二氧化碳含量由 21.09%降低至 13.18%,产气热值为 12.13 MJ/m³。

2)热解重整法制氢

生物质的热解是一个复杂的过程,生物质在没有气化剂的情况下进行高温加热,然后通过一系列的传热和化学反应生成气体、液体和固体。热解与气化的区别在于是否加入气化剂。热解制氢经历两个步骤:生物质热解得到气、液、固三相产物;利用热解产生的气体或生物油重整制氢[66]。

在上述第一步中,持续高温会促进焦油生成,焦油黏稠且不稳定,由于低温不易气化,高温容易积炭堵塞管道、影响反应进行。因此可通过调整反应温度和热解停留时间来提高制氢效果,但产氢量依然很低,因此需要将热解产生的烷烃、生物油进行重整来提升制氢效果。

蒸气重整是将热解后的生物质残炭移出系统,再对热解产物进行二次高温处理,在催化剂和水蒸气的共同作用下将相对分子质量较大的重烃裂解为氢气、甲烷等,增加气体中的氢气含量;再对二次裂解的气体进行催化,将其中的一氧化碳和甲烷转换为氢气;最后采用变压吸附或膜分离技术得到高纯度氢气。水相重整是利用催化剂将热解产物在液相中转化为氢气、一氧化碳及烷烃的过程。与蒸气重整相比,水相重整具有以下优点:反应温度和压力易达到,适合水煤气反应的进行,且可避免碳水化合物的分解及碳化;产物中一氧化碳体积分数低,适合做燃料电池;不需要气化水和碳水化合物,避免能量高消耗。

自热重整在蒸气重整的基础上向反应体系中通入适量氧气,用来氧化吸附在催化剂表面的半焦前驱物,避免积碳结焦,可通过调整氧气与物料的配比来调节系统热量,实现无外部热量供给的自热体系。自热重整实现了放热反应和吸热反应的耦合,与蒸气重整相比降低了能耗。目前自热重整主要集中在甲醇、乙醇和甲烷制氢中,类似的还有蒸气/二氧化碳混合重整、吸附增强重整等。化学链重整是用金属氧化物作为氧载体代替传统过程所需的水蒸气或纯氧,将燃料直接转化为高纯度的合成气或二氧化碳和水,被还原的金属氧化物则与水蒸气再生并直接产生氢气,实现了氢气的原位分离,是一种绿色高效的新型制氢过程。

光催化重整是利用催化剂和光照对生物质进行重整获得氢气的过程。无氧条件下光催化重整制取的氢气中,除混有少量惰性气体外无其他需要分离的气体,有望直接用作气体燃料。但该方法制氢效果欠佳,如何改进催化剂活性、提高氢气得率还有待进一步研究。

有关专家在粉末流化床中对生物质进行了催化热解。研究发现,挥发物的用量与热解温度有关。将 NiMo 与其他催化剂联合加入 NiMo 后,产氢量从 13.8 g/kg 生物量增加到 33.6 g/kg 生物量。利用硅酸盐工业的高温渣进行生物质热解制氢,当温度为 1 000℃,矿渣与生物质的质量比为 0.6 时,生物质可完全热解,气体速率可达到 88.31%。结果表明,调整原料的相对比例可以提高产氢量,减少生物质热解产生的焦油。因此,在我们更加重视热解处理焦油时,热解重整产氢具有一定的发展潜力。

3) 超临界水转化法制氢

当温度处于 374.2℃、压力在 22.1 MPa 以上时,水具备液态时的分子间距,同时又会像气态时分子运动剧烈,成为兼具液体溶解力与气体扩散力的新状态,称为超临界水流体。超临界水制氢是生物质在超临界水中发生催化裂解制取富氢燃气的方法。该方法中,生物质的转化率可达到 100%,气体产物中氢气的体积含量可超过 50%,且反应中不生成焦油等副产品。与传统方法相比,超临界水可以直接湿物进料,具有反应效率高、产物氢气含量高、产气压力高等特点,产物易于储存、便于运输。

国内外专家学者探讨了不同生物质的超临界水转化法制氢差异。首先以木素与纤维素为原料,证明了 K_2CO_3 与 Ni – Ce/Al_2O_3(Ni 质量分数 20%,Ce/Ni 摩尔比 0.36)具有良好的催化效果;并用田口实验方法(Taguchi Approach)对各参数的影响程度进行了排序,即:反应温度>催化剂用量>催化剂类型>生物质原料种类。采用催化浸渍的方法先对松木与麦草进行预处理,再进行超临界水转化法制氢。预处理后,原料表面形成了纳米镍粒子,为后续反应提供了数量可观的催化位点,制氢效果良好,总气体得率为 9.5~16.2 mmol/g,氢气得率为 2.8~5.8 mmol/g,碳转化率达到 19.6%~32.6%。另外还研究了葡萄糖在 300~460℃的制氢机理,实验表明,在亚临界水中,葡萄糖主要发生离子反应(水解);而在超临界水中,则主要发生自由基反应(热解)。随着温度升高,离子反应会逐渐向自由基反应转变,从而提高氢气得率。从热力学角度来看,超临界水制氢是一个吸热过程,因此提高反应温度会促进氢气得率提升。

超临界水转化法制氢是最有前途的制氢技术之一,但对设备要求较高,会产生高昂的投资和运行维护费用。截至本书出版,超临界水转化法制氢技术还处于研发阶段,世界范围内未见商业应用实例。

4) 其他化学转化制氢方法

微波热解可用于生物质制氢。在微波作用下,分子运动由原来的杂乱状态变成有序的高频振动,分子动能转变为热能,达到均匀加热的目的。微波能整体穿透有机物,使能量迅速扩散。此外,微波对不同介质表现出不同的升温效应,该特征有利于对混合物料中的各组分进行选择性加热。

高温等离子体热解制氢是一项有别于传统的新工艺。等离子体高达上万摄氏度,含有各类高活性粒子。生物质经等离子体热解后气化为氢气和一氧化碳,不含焦油。在等离子体气化中,可通过水蒸气来调节氢气和一氧化碳的比例。由于产生高温等离子体需要的能耗很高,所以只有在特殊场合才使用该方法。

2.5.2 生物法制氢

生物法制氢是利用微生物代谢来制取氢气的一项生物工程技术。与传统的化学方法相比,生物制氢有节能、可再生和不消耗矿物资源等优点。

1) 水光解制氢

水光解制氢是指利用微生物通过光合作用分解水而产生氢和氧的一种方法,其中绿藻和蓝藻得到了广泛的研究。这两种微生物对生长的营养需求很低,因为它们直接通过水的光解产生氢,只涉及空气、水、简单的无机盐和光,其过程如图 2-20 所示。绿藻和蓝藻有两个制氢系统:接收光能分解水产生 H^+、e^- 和 O_2 的光系统 II(PS II);产生还原剂用来固定 CO_2 的光系统 I(PS I)。PS II 产生的电子由铁氧还蛋白携带经由 PS II 和 PS I 到达制氢酶,H^+ 在制氢酶的催化作用下生成 H_2。

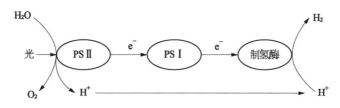

图 2－20　蓝绿藻光合制氢过程

　　光合细菌制氢和蓝绿藻一样，都是光合作用的结果，但是光合细菌只有一个光合作用中心（相当于蓝绿藻的 PS Ⅰ），由于缺少藻类中起光解水作用的 PS Ⅱ，所以只进行以有机物作为电子供体的不产氧光合作用。

　　水光解制氢的主要优点是，在水环境中，水在标准温度和压力下可以产生氢。水光解产生氢的速率受许多因素的影响（如原料、催化剂、温度、光强度等），大连理工大学课题组采用 $Ni_3PeNi/G-C_3N_4$ 复合材料作为制氢原料，发现产氢率可达 203.3 mmol/(g·h)。而用 Ni_xP_y/CdS 复合材料替代原料，采用不同的添加剂，产氢率可以提高到 601.5 mmol/(g·h) 左右。将原料改为泡沫碳，并使用不同的催化剂，使最终的产氢率最大化，大约在 1 061.87 mmol/(g·h) 左右。可以看出，有效利用催化剂可以大大提高水光解的产氢率。然而，在实际的工业化和商业应用中，仍有许多技术问题有待解决（如制氢效率低、制氢周期长、制氢成本高）等。

2）光发酵制氢

　　光发酵制氢是厌氧光合细菌依靠从小分子有机物中提取的还原能力和光提供的能量将 H^+ 还原成 H_2 的过程。光发酵制氢可以在较宽泛的光谱范围内进行，制氢过程没有氧气的生成，且培养基质转化率较高，被看作是一种很有前景的制氢方法。

　　大量研究表明，光合细菌产氢是在固氮酶脱氢的作用下产氢的。光合细菌只含有光系统Ⅰ，而电子供体一般是有机的。所以氢的产生通常没有氧。与水光解产氢相比，氧释放的缺失消除了氢与氧分离的问题，从而大大简化了的生产过程。光发酵产氢的所有生化途径都可以表示为

$$（CH_2O）_x \longrightarrow 铁氧化还原蛋白 \longrightarrow 固氮酶 \longrightarrow H_2 \qquad （2-38）$$

　　光发酵的产氢率受溶液 pH 值、底物浓度、发酵微生物类型、光强度等因素的影响。专家使用醋酸和果糖作为碳源，混合两种细菌（WP3－5 和鱼腥藻）文化。他们最终发现，累积的氢总量几乎是两种细菌单独产生的两倍，在混合物中培养酸性梭菌和球形红杆菌，当培养基浓度、初始 pH 值和接种量的比值达到

一定值时,产氢效率也显著提高。

综上所述,利用基因技术或将光合细菌与其他微生物混合来提高制氢效率是光发酵制氢技术的发展方向。此外,通过这种方法制氢还可以使用多种有机产品,如有机酸和有机废水,可用的来源广泛,生产过程中不含氧。然而,光发酵的工作需要光,这导致难以进行扩增试验。

3) 厌氧菌暗发酵制氢

异养型的厌氧菌或固氮菌通过分解有机小分子制氢。异养微生物由于缺乏细胞色素和氧化磷酸化途径,使厌氧环境中的细胞面临着因产能氧化反应而造成的电子积累问题,因此需要特殊机制来调节新陈代谢中的电子流动,通过产生氢气消耗多余的电子就是调节机制中的一种[67]。

能够发酵有机物制氢的细菌包括专性厌氧菌和兼性厌氧菌,如大肠埃希氏杆菌、褐球固氮菌、白色瘤胃球菌、根瘤菌等。发酵型细菌能够利用多种底物在固氮酶或氢酶的作用下将底物分解制取氢气,底物包括:甲酸、乳酸、纤维素二糖、硫化物等。以葡萄糖为例,其反应方程如下:

$$C_6H_{12}O_6 + 2H_2O \longrightarrow 4H_2 + 2CO_2 + 2CH_3COOH \qquad (2-39)$$

关于这种制氢的方法已经有了很多的研究。Xu 等人发现反应体系中磷酸盐的浓度会显著影响 E. harbinenseB49(一种暗发酵细菌)的生长和产氢。结果表明,当磷酸盐浓度为 50 mmol/L 时,产氢潜力最大。Delavar 等研究了酸调节和 pH 变化对暗发酵产氢效率的影响,发现酸注射可以提高 40% 的取氢率。结果表明,pH 值和酸的调节可显著影响产氢量和暗发酵的效率。

目前,厌氧菌暗发酵制氢法是一种相对成熟的生物制氢方法。它具有衬底物源宽、产氢稳定性可靠、反应条件温和、成本低等优点。然而,该方法也存在原材料利用率低、产品抑制明显、尾液污染环境等缺点。

4) 光暗耦合发酵制氢

光暗共发酵制氢技术是一种利用光发酵产氢细菌和暗发酵产氢细菌的个体优势的技术。它利用厌氧光发酵制氢细菌和暗发酵制氢细菌的各自优势及互补特性,将二者结合以提高制氢能力及底物转化效率。一般来说,生产过程包括两个步骤:先对生物质原料进行预处理(离心、沉淀、过滤等),然后暗发酵产生氢气,同时排出一些尾液(含有机酸)。再利用暗发酵尾液中的小有机酸作为电子供体,固氮酶的催化下进行光发酵生成氢。

这种光暗共发酵技术可以显著增加氢的总量,因此效率高,成本低。光暗共发酵制氢技术已经得到了广泛的研究。相关专家学者尝试使用球形红杆菌O.U.001 对阴沟肠杆菌 DM11 的代谢物进行光发酵,发现其氢含量远高于单个过程。研究证实,在光暗共发酵的两步实验中,以蔗糖为底物可以显著提高产氢量,最大产氢量达到 6.63 mol H_2/mol 蔗糖,再结合淀粉酶解后的光暗共发酵过程产生氢(难以降解),产氢量可达到 3.09 mol H_2/mol 葡萄糖,说明两步法可提高底物转化效率,且产氢原料成本较低。

光暗耦合发酵制氢结合了暗发酵和光发酵机制的优点,能够将多种底物转化为氢,因此在商业大规模制氢和可持续管理中具有一定的发展潜力和应用前景。

5) 微生物电解池制氢

微生物电解池(MEC)是基于微生物燃料电池(MFC)新近发展的一种可用于减弱厌氧"发酵障碍"现象的制氢技术。该技术是在附加低压电压(0.2~0.8 V)的条件下,通过阳极表面的产电微生物(产电细菌)氧化有机物(乙酸、甘油、葡萄糖和纤维素等)产生电子、质子和 CO_2,并通过电路将电子传递至阴极与质子结合生成氢气。基于低能耗和高效产氢,MEC 已成为兼具产能和治污(利用有机废水或废物)双重功能的新型工艺,已逐渐成为近年来生物制氢技术的研究热点。

MEC 制氢工作原理如图 2-21 所示。有机质被生长在阳极表面的产电微生物(主要为产电细菌)氧化成电子、质子和 CO_2,电子被外电源收集后送往阴极,质子在液体中传至阴极表面与电子结合生成氢气。

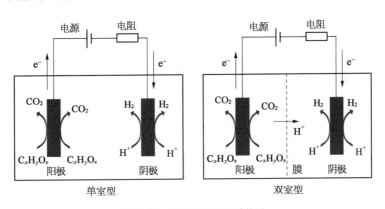

图 2-21　MEC 原理及 2 种构型

MEC 反应器构型有 2 种:单室型和双室型。早期 MEC 研究中常采用双室型反应器,该反应器主要将阴阳极利用膜进行分开,其优点是可以获得较纯的氢气,最大限度地避免了阴极产生的氢气游离至阳极而被产电微生物利用,同时能有效防止阴极催化剂材料受到污染导致活性丧失,提高了电极材料的使用寿命。其缺点是膜的存在影响质子和 OH^- 的传输,造成双室间的 pH 梯度差(阳极室 pH 降低,阴极室 pH 升高),导致产电菌的活性降低,同时还会增大阴阳极之间的内阻,降低回路的电流密度,增大能耗量。

　　基于双室反应器的缺点,近年来主要以单室反应器为主。单室反应器主要优点在于其减小了反应器内阻,提高了回路中的电流密度。另外,MEC 结构的简化降低了反应器制造成本,提高了 MEC 放大的可能性。然而单室反应器最大的缺点是阴极产生的氢气极易被阳极的嗜氢产甲烷菌利用,降低了总氢产率。作为新近发展的制氢新技术,MEC 制氢的优势显而易见。然而,在实现该技术的规模化应用之前,MEC 技术仍面临诸多挑战,主要来自阴极催化剂、反应器构型和电能来源三个方面。

　　阴极催化剂在降低过电势和提高转化率方面有着关键的作用。目前的大量研究表明,Pt 作为阴极催化剂具有十分良好的催化性能,然而,Pt 的价格昂贵,不适合工业放大使用,并且 Pt 遇到化学物质(如硫化物)易发生中毒失活。因此,制备廉价、活性较高且性能稳定的催化剂十分重要。与双室反应器相比,单室 MEC 反应器显著降低了内阻,降低了能耗。然而,目前的研究表明,单室 MEC 反应器的氢气产率较低,主要原因是体系内嗜氢产甲烷菌的存在消耗了一定的氢。因此,降低单室反应器内的嗜氢产甲烷菌对提高 MEC 性能具有重要的意义,如何有效遏制单室反应器内嗜氢产甲烷菌是未来的研究方向。尽管 MEC 技术能够实现能量的回收,但从长期运行来看,MEC 需要消耗较大的能量。若能实现 MEC 与太阳能、风能等新能源联合利用,势必提高 MEC 的经济性能,降低成本,促进其在工业中的推广应用。

　　目前的 MEC 制氢尚处于实验室研究阶段,要实现 MEC 的工业应用,应克服多种技术障碍,提高其经济可行性。

　　目前,热化学转化制氢已部分实现规模化生产,但氢气得率不高;液相催化重整制氢以生物质解聚为前提,具有解聚产物易于集中、运输的优势,更适合大规模制氢,但技术更复杂,需加大研发力度;热化学制氢目前局限于 Ni 类或贵金属催化剂,开发活性高、寿命长、成本低的催化剂依然是研究的重点。为提高氢气得率,可将多种技术联合,先对生物质进行热化学转化,再对产物进行合理分配,将其中商业利用价值不高的产物提取重整,对商业价值高的产物进行提取利用。

　　在生物制氢领域,同样存在一些问题限制其产业化发展:暗发酵制氢虽稳定、快速,但由于挥发酸的积累会产生反馈抑制,从而限制了氢气产量;在微生物光解水制氢中,光能转化效率低是主要限制因素。凭借基因工程手段,通过改造或诱变获得更高光能转化效率的制氢菌株,具有重要的意义;光暗耦合发酵制氢中,两类细菌在生长速率及酸耐受力方面存在巨大差异;微生物电解池制氢尚处于实验室研究阶段,需要克服多种技术障碍,提高其经济可行性。暗发酵过程产酸速率快,使体系 pH 值降低,从而抑制光发酵制氢细菌的生长,使整体制氢效率降低。如何解除两类细菌之间的产物抑制,做到互利共生,是一项亟待解决的问题。

综上所述,生物质气化制氢具有能耗低,温室气体释放少,原料获取方便等优点,理论上能有较大的产氢能力,但其原料构成复杂,初产物杂质多,提纯工艺困难,且占地面积较大,不适合大规模制取。

2.6 核能制氢技术

核能是清洁的一次能源,既能给大规模电解水提供电力,又能提供高温热源,核能制氢就是通过核反应堆产生热量,通过核反应为热化学循环提供热量的一种氢气制取技术。目前研发的核能制氢技术以热化学循环为主,其中 Cu－Cl 循环和 S－I 循环被认为是高效、清洁、零碳排放制氢的有效途径。

2.6.1 S－I 循环制氢

热化学 S－I 循环分解水的制氢反应过程及涉及主要方程式,如图 2－22 所示,在反应过程中由于 SO_2 和 I_2 循环利用,整个反应有较高的热效率,该方法与核能耦合时能够实现大规模制氢。

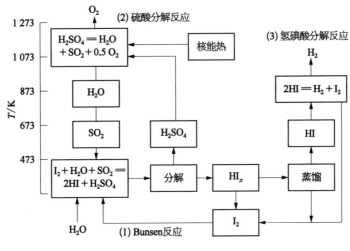

图 2－22　S－I 循环过程示意图

S-I循环在硫酸分解反应时吸收核反应产生的热能,该技术的制氢效率超过50%,在制氢过程中的碳排放几乎为零。Giraldi等研究得出该技术CO_2排放主要来自核反应系统的建设运行过程。缺点需要使用过量的碘和水,同时S-I循环受温度影响较大,当反应温度低于800℃时,S-I循环的制氢效率明显降低。

2.6.2　Cu-Cl循环制氢

Cu-Cl热化学循环中,研究最广泛的是五步循环,由于Cu-Cl循环是一个混合循环,热能必须部分用于直接驱动循环,部分用于产生所需的电力。五步Cu-Cl循环制氢过程如图2-23所示。

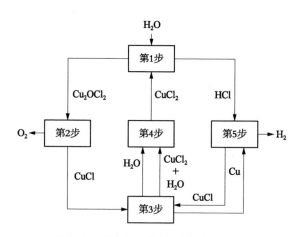

图2-23　五步Cu-Cl循环制氢过程示意图

研究发现,Cu-Cl循环全生命周期CO_2排放量与S-I循环接近,且碳排放主要来自核能基础设施的建设和运行。与S-I循环相比,Cu-Cl循环反应温度最低可至500℃,且在制氢过程中用更低的成本达到与S-I循环相同的制氢效率。同时,由于Cu-Cl循环反应温度低,不仅降低了操作及材料设备选择的难度,且除核能热外,还能用工业热、集中的太阳能热、地热等可持续热能作为热源。

目前,核能制氢主要是热化学制氢,利用核反应堆产生的高温,使水温升高至800~1000℃后,在催化剂的作用下进行热分解,生成氢气和氧气。表2-9比较了Cu-Cl循环与S-I循环的反应温度、制氢效率和制氢成本。与电解水制氢相比,核能热化学制氢系统效率较高,可达50%~60%。同样,由于热化学制氢工作温度较高,故对为热化学制氢过程供热的高温气冷堆设备要求较高。

我国已建设成 200 MW 高温气冷堆商业示范电站,并且被列入国家科技重大专项[68]。

表 2-9　S-I 循环和 Cu-Cl 循环比较

热化学循环	温度范围/℃	制氢效率/%	制氢成本/(美元/kg)
S-I 循环	800~900	50~60	2.45~2.63
Cu-Cl 循环	500~550	45~50	2.17

核能制氢具有不产生温室气体、以水为原料、高效率、大规模等优点,被认为是未来氢气大规模供应的重要解决方案,为可持续发展及氢能经济开辟了新的道路。然而,要实现核能制氢的大规模应用,最重要的是安全问题。由于使用核电本身就有一定的风险,再加上氢的易燃易爆特性,如何保证核制氢的安全就显得尤为重要。

综上所述可得出以下认识:① 化石燃料制氢技术成熟、成本低廉,将在一定时期内占据市场的主要份额,其发展重点在于结合 CCS/CCUS 技术减少碳排放量,实现由灰氢向蓝氢的转变;② 工业副产氢资源丰富,可发展空间大,核心在于气体分离纯化技术的发展与配套设施的完善;③ 电解水与可再生能源发电耦合制氢技术,是未来绿氢大规模制取的主要方式,重点在于降低可再生能源电价及提升电解水制氢效率、降低产氢成本;④ 光催化、光电催化等新型制氢技术还未达到大规模工业化应用的需求,需要加强基础研究与示范应用推广;⑤ 太阳能热制氢具有清洁环保,方法简单,效率高的优点,但建设成本较高,技术不够成熟;⑥ 光伏发电直接产生直流电,光伏阵列与电解槽阵列的直接耦合用于制氢可解决光伏发电功率波动问题,但耗能大、制氢成本高;⑦ 风电制氢能改善风力发电大量"弃风"问题,但仍需要对风电制氢的风力发电系统、电解制氢系统、压缩储氢系统、燃料电池系统及相关协调控制单元做进一步研究;⑧ 生物质气化制氢具有能耗低、温室气体释放少等优点,但其原料构成复杂,初产物杂质多,提纯工艺困难,且占地面积较大,不适合大规模制取。

氢气是氢能产业的基础,氢工业能否规模发展利用所取决的主要因素之一就是制氢成本。表 2-10 列举了主要制氢技术的成本计算结果、能源效率及碳排放量。从表中可以看出:① 当前,化石能源制氢依然在成本上有着难以比拟的优势,结合 CCS 技术后虽成本有所上升,但仍具有成本优势;② 工业副产氢与微生物发酵制氢的成本与化石能源制氢大致持平,但规模有限;③ 电解水制氢成本为化石能源制氢的 2~3 倍,差距较大,需要大幅度降低电力成本、提升电解水容量和降低系统造价成本。随着光伏电价的下降,预计到 2035 年和 2050 年,在碱性电解水制氢生产中,电费成本将分别下降 37% 和 50%,相应的氢气成本则分别为 18.7 元/kg 和 14.8 元/kg,可与化石能源制氢成本持平。

表 2-10　各制氢技术成本计算结果、能源效率及碳排放

制　氢　技　术	氢气成本/(元/kg)	能源效率/%	碳排放/kg
甲烷蒸汽重整	17.1	>80	10.91
甲烷蒸汽重整(联合 CCS)	18.6	—	—
甲烷催化裂解	13.5	—	—
煤气化	10.9	63	11
煤气化(联合 CCS)	12.9~13.9	—	4.14~7.14
焦炉气副产氢	5.7~11.8	>80	7.1
氯碱副产氢	14.6~16.8	>80	<5
丙烷脱氢	16.1	—	—
甲醇裂解制氢	18.46	—	13.64
碱性电解水	29.9	50~78	0
质子交换膜电解水	26.56~39.8	50~83	0
光电催化水分解	63.6	10~14	—
生物质制氢	15.8~17.4	40~50	—
核能制氢	14.7~17.8	45~60	—

　　针对各类制氢技术在氢能行业的发展布局与规划,应当综合考虑技术水平、碳排放量和产氢成本这 3 个方面的因素,稳步推进从灰氢到蓝氢再到绿氢的转变。综上大力发展电解水制氢技术,利用弃风、弃光、弃水资源制取"绿氢",解决电解水制氢经济性难题及能源浪费问题;大力发展可再生能源(如风电与太阳能)与氢气储能结合,促进氢能在储能领域的发展,加速推进我国碳达峰、碳中和工作。

3. 氢气储运技术

氢能是一种零碳排放、应用形式多样的清洁能源,是实现可再生能源储能调峰的理想储能介质,可加速电力、工业、交通、建筑等领域的深度脱碳,有望成为推动中国能源转型的重要力量。在未来,氢能有望在推动中国能源结构改革、保障国家能源安全等方面扮演越来越重要的角色,并可能在能源、化工、交通等领域引起一系列变革。在氢能产业发展过程中,氢气储运技术的发展对实现氢能大规模应用起重要支撑作用,高效、低成本的氢气储运技术是实现大规模用氢的必要保障。

3.1 氢气储存技术

根据氢气的储存状态,可将其储运方式分为气态储运、低温液态储运、有机液态储运和固态储运等方式。

3.1.1 气态储氢

气态储氢是将压缩氢气以高密度气态形式在高压下储存,是发展最成熟、最常用的储氢技术。该技术的储氢密度受压力影响较大,而压力受储罐材质限制。氢气质量密度随压力提高而增大,在 $30\sim40$ MPa 区间增大较快,在压力大于 70 MPa 后变化很小。因此,储罐工作压力应在 $35\sim70$ MPa。高压气态储氢容器主要有高压储氢气瓶、高压复合储氢罐、玻璃储氢容器[69]。

气态储氢主要以高压储氢气瓶为储氢容器,通过高压压缩储存气态氢,其主要优点在于储氢容器结构简单,充放气速度快。高压气态储氢容器主要包括纯钢制金属瓶（Ⅰ型）、钢制内胆纤维缠绕瓶（Ⅱ型）、铝内胆纤维缠绕瓶（Ⅲ型）及塑料内胆纤维缠绕瓶（Ⅳ型）。20 MPa 钢制瓶（Ⅰ型）早已实现工业应用，并与 45 MPa 钢制瓶（Ⅱ型）和 98 MPa 钢带缠绕式压力容器组合应用于加氢站中。但是，Ⅰ型和Ⅱ型瓶储氢密度低、氢脆问题严重，难以满足车用储氢容器的要求。目前，车用储氢气瓶主要为Ⅲ型瓶和Ⅳ型瓶[70]。中国的 35 MPa 和 70 MPa 的Ⅲ型瓶技术较为成熟，全复合轻质纤维缠绕Ⅳ型瓶还处于研发阶段，与国外的技术水平还存在一定的差距。

Ⅲ型瓶通常以铝合金材料为内胆，外部用高强度纤维复合材料缠绕降低储氢瓶质量[71]。目前，中国Ⅲ型瓶技术成熟，35 MPa 的Ⅲ型瓶已在燃料电池汽车上实际投产使用。全复合轻质纤维缠绕储罐Ⅳ型瓶是储氢容器轻量化发展的重要方向，如图 3-1 所示，其内胆采用阻隔性能良好的工程热塑料，外部采用纤维缠绕，进一步降低了氢气瓶质量，提高了质量储氢密度。目前，国外Ⅳ型瓶制备技术成熟，已实现在燃料电池汽车领域的应用。美国 Quantum 公司与 Thiokol 公司及 Lavrence Livermore 国家实验室于 2000 年首次开发出以聚乙烯为内胆的Ⅳ型储氢瓶（Trishield 氢气瓶），其最高工作压力为 35 MPa，储氢质量密度高达 11.3%；该公司还于 2001 年开发出工作压力 70 MPa 的 Trishield10 储氢瓶[72]。2002 年，Lincoln 公司成功研制了以高密度聚乙烯（HDPE）为内胆的复合材料 Tuffshell 储氢瓶，其最高工作压力为 95 MPa[72]。日本丰田公司研制出了 35 MPa 和 70 MPa 的Ⅳ型储氢瓶，内胆为高密度聚合物，中层为耐压碳纤维缠绕层，表层为玻璃纤维强化树脂保护层，其中 70 MPa Ⅳ型瓶的质量储氢密度为 5.7%[73]；目前，该储氢瓶已应用于 Mirai 系列燃料电池汽车。2020 年，日本八千代工业株式会社展示了储氢压力 80 MPa、储氢容量 280 L 的Ⅳ型储氢罐，代表了目前高压气态储氢领域的最高水平。目前，探索发展高压化、轻量化、高强度的储氢瓶是保证高压气态储氢安全性和经济性的重要发展方向。

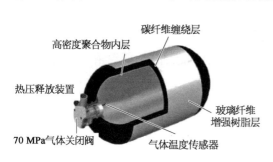

图 3-1　全复合轻质纤维缠绕储罐Ⅳ型瓶结构

3.1.2　低温液态储氢

低温液态储氢是将氢气在一定条件下压缩冷却至液化后再置于绝热真空容器中的一种储氢方式。与气态氢相比，液态氢密度更高，是气态氢的 845 倍。这种储氢方式轻巧紧凑，特别适于储存空间有限的场合，如航天用火箭发动机。迄今世界上最大的低温液化储氢罐位于美国肯尼迪航天中心,容积达 $112×10^4$ L。

氢气液化装置是获取液氢的基础,按照制冷方式的不同,氢气液化系统主要有预冷型 Linde-Hampson 系统、预冷型 Claude 系统和氦制冷氢液化系统 3 种类型。Linde-Hampson 循环系统是德国 Linde 和英国 Hampson 于 1895 年分别独立提出的一种简单空气液化循环系统,是工业上最早采用的氢气液化系统。由于氢气向液氢的转换温度为 204.5 K,远低于环境温度。Linde-Hampson 循环不能直接用于氢液化,因此该系统先将氢气用液氮预冷至转换温度以下,然后通过 J-T 节流实现液化:首先将氢气压缩至 20 MPa,然后高压氢气经过液态二氧化碳、液空和负压液空三级预冷进入氢液化器,被回流的氢气进一步冷却后通过 J-T 节流使温度降至 21.15 K,实现氢气液化。Linde-Hampson 循环结构简单,运转可靠,适用于中小型氢液化装置。

1902 年,法国 Claude 首次实现了带有活塞式膨胀机的空气液化循环(Claude 循环)。Claude 循环不依靠 J-T 节流降温,而是在绝热条件下,通过气流经膨胀机对外做功实现能量转移,使氢气获得更大的温降和冷量,其中膨胀机分为活塞式膨胀机和透平膨胀机,一般中高压系统采用活塞式膨胀机,低压系统采用透平膨胀机。

氦制冷氢液化系统用氦作为制冷工质,由氦制冷循环为氢液化提供所需制冷量,循环过程包括氢液化和氦制冷循环两部分。氦制冷循环为改进的 Claude 系统,这一过程中氦气并不液化,但其温度降至液氢温度以下。氢液化流程中,被压缩的氢气经液氮预冷后,在热交换器内被冷氦气冷凝为液体。该系统氢的工作压力相对较低,避免了高压操作危险,采用间壁式换热形式,安全性更高;此外,该系统减小了压缩机的尺寸和管壁厚度。但由于其存在换热温差,整机效率略低于 Claude 循环,更适用于产量低于 3 t/d 的装置。

氢气液化形式所对应的液氢制取的功耗在总功耗中占比很大,表 3-1 列出了不同液化形式适用的规模及其理论循环效率和理论比功耗。Linde-Hampson 循环比功耗最大,常用于小规模氢液化;氦制冷比功耗效率中等,但安全性好,常用于中等规模氢液化;Claude 循环比功耗最小,在大规模氢液化中应用较多。

表3-1　不同氢液化系统比较

规模	效率/(L/h)	冷却方式	压强/MPa	理论循环效率/%	理论比功耗/[kW·h·kg^{-1}(LH$_2$)]
小	<20	Linde-Hampson 循环	10~15	3	70
中	20~500	氦冷却	0.3~0.8	5	50
大	>500	Claude 循环	≈4	8	35

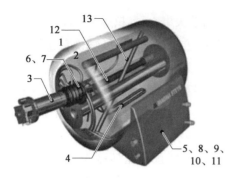

1—外箱；2—内槽；3—连接器；4—加热器；5—换热器；6—低温灌装阀；7—低温调节阀；8—压力调节阀；9—截止阀；10—煮沸阀；11—安全阀；12—支撑位；13—液位传感器

图 3-2 液氢储罐结构示意图

氢气液化通过多次循环节流膨胀等方式实现，其与外界存在巨大温差，为避免由内外温差引起的液氢快速蒸发损失，研发高真空、强绝热的储氢容器成为液氢应用的重点和难点。为降低比表面积，减小换热，储氢容器一般以圆柱状或球形为主，由于圆柱状容器生产简单，应用更加广泛。为减少和避免热蒸发损失，液氢储罐多采用双壁层结构，如图 3-2 所示，其内胆盛装温度为 20 K 的液氢，通过支撑物置于外层壳体中心，内外壁层之间除保持真空以外，还需放置碳纤维、玻璃泡沫、膨胀珍珠岩、气凝胶等绝热材料，防止热量传递。

美国 NASA、俄罗斯 JSC、日本 JAXA 等已实现液氢在航空航天领域的应用。国际上能够提供商业化液氢装置的公司主要有 Praxair、Linde、Air Liquide 等。Praxair 液化装置单位能耗相对较低，约为 $12.5 \sim 15$ kW·h/kg(LH_2)；Air Liquide 小型装置采用氨制冷氢液化流程，单位能耗约为 17.5 kW·h/kg(LH_2)；未来能耗有望降低至 $9 \sim 10$ kW·h/kg(LH_2)，目前，3 家企业均发布了 $100 \sim 300$ m³ 储量的可移动储罐产品。

中国液氢主要用于航天领域，已形成了完整成熟的液氢应用体系。液氢储罐方面，中国自主研发液氢储罐最高压力可达到 35 MPa，单罐储氢能力为 300 m³，最大存储能力约为 2 500 m³。由于缺乏相关民用标准，国内尚无液氢民用案例。2021 年 5 月，国家标准委批准发布了《氢能汽车用燃料液氢》《液氢生产系统技术规范》和《液氢贮存和运输技术要求》3 项国家标准，进一步推动了液氢民用化进程。

3.1.3 有机液态储氢

氢气的有机液态储运是利用氢气与有机介质的化学反应，进行储存、运输和释放，主要分为 3 个阶段：氢气与储氢介质发生加氢反应；储氢介质的储存和运输；加氢后的储氢介质进行脱氢反应释放氢气。烯烃、炔烃、芳烃等不饱和液态有机物均可作为储氢介质进行氢气储存。有机氢化物稳定性高、安全性好、储氢密度大、储存和远距离运输安全、设备和管路易保养、技术成本低、储氢介质可多次循环使用，是一种可行的氢能储运方法。常用不饱和有机液态介质包括环己烷、甲基环己烷、咔唑、乙基咔唑、反式-十氢化萘等,其中环己烷、甲基环己烷等在常温常压下即可实现储氢。

有机液态储氢依然存在脱氢温度高、效率低、能耗大等问题。新型有机储氢介质的开发必不可少。芳烃、环烷烃体系是最早研究用于化学储氢的有机液态储氢介质体系。芳烃的加氢能耗低、储氢密度高(质量分数6.2%~7.3%),是理想的储氢介质,但加氢后的环烷烃脱氢反应是吸热反应,脱氢能耗(64~69 kJ/mol H_2)和脱氢温度(≥210℃)高,脱氢效率较低,难以满足实际应用需求;且其脱氢催化剂(Pt、Rh、Re、Pd、Ni等)易结焦失活,难以在苛刻环境下长期稳定运行。除芳烃外,近些年研发出了如吡啶、哌啶、喹啉、萘啶、BN杂环化合物等诸多有价值的有机液态储氢介质[74]。Pez等人研究发现,在芳环中引入氮杂原子可以大幅降低脱氢反应焓,使得脱氢温度降低。Clot等通过密度泛函(DFT)计算发现,无论在芳环中还是环取代基上引入氮原子均可降低储氢介质的脱氢温度,如图3-3所示,且在1,3-N取代杂环化合物中,五元环比六元环更有利于降低温度。

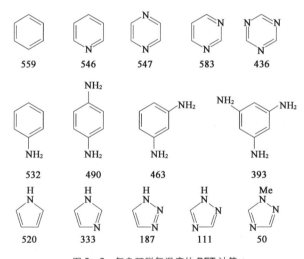

图3-3 氮杂环脱氢温度的DFT计算

1,2-B,N杂环是另一类储氢能力相对较大、脱氢温度低、有较大潜力的新型有机储氢介质。Sotoodeh等发现,3-甲基-1,2-B,N环戊烷在过渡金属卤化物催化下,可在不高于80℃的条件下发生脱氢反应,尽管其储氢密度低于DOE的要求,但其脱氢温度已满足实际应用需求,为有机液态储氢提供了新思路。

甲醇和甲酸是常见的有机液体,含氢量较高,易于储存和运输,也是具有潜力的有机液态储氢介质。甲醇和甲酸的低温脱氢得到广泛研究,目前已研究出多种低温脱氢催化剂,但其在动力学方面受到的限制较大,离实际应用还有较远距离。同时,二者脱氢过程中均有碳排放,从释放的气态混合物中分离和收集 CO_2 进行再循环过程复杂,增加了储氢成本。

3.1.4　固态储氢

固态储氢是一种通过吸附作用将氢气加注到固体材料中的方法,储氢密度约是同等条件下气态储氢方法的 1 000 倍,而且吸氢、放氢速度稳定,可以保证储氢过程的稳定性,根据氢气与固体材料结合方式不同可以分为化学吸附储氢和物理吸附储氢。固态储氢技术解决了高压气态储氢和低温液态储氢面临的高压、低温等问题。固态储氢的体积储氢密度高、安全性更好,是一种有前景的储氢方式。然而,目前看来,固态储氢的缺点在于固体储氢材料室温下储氢量过低,且吸附材料昂贵,商业化程度较低。

1）化学吸附储氢

化学吸附储氢是利用氢元素与载体材料反应生成化学键,将氢分子固定在固体化合物中。加氢后的储氢材料能够以固态形式保存氢气,从根本上解决了高压氢气泄漏和储氢容器氢脆等安全问题,提高了储氢、运氢和用氢的安全性。目前固态化学吸附材料较为成熟的有金属化合物。

金属氢化物储氢材料通过氢气与金属或合金发生化学吸附反应储存氢气,反应过程:氢气分子物理吸附在金属或合金表面;氢分子在金属或合金表面解离为氢原子;材料表面的氢原子扩散至金属或合金内部,形成固溶体（α相）；材料内部的氢原子与金属原子发生化学吸附生成氢化物（β相）。Fukai[75] 提出了金属间隙对氢原子的自捕集机制,生成氢化物的稳定性由氢化物的基态能（氢化物生成的能量）和晶格弹性能决定,随着金属-氢的生成,氢化物的稳定性增加（基态能减小）,但是晶格形变引起其稳定性降低（弹性能增大）,因而体系存在一个最佳的金属-氢结合比,使氢化物能量最低。

轻质金属化合物主要由原子质量相对较小的金属元素和非金属元素组成,相对分子质量较小,质量储氢密度较高。与金属氢化物中氢主要占据金属或合金材料的晶格间位不同,轻质金属化合物中氢原子更倾向以离子键或共价键的形式与轻质元素结合。常见的轻质化合物有铝氢化合物、硼氢化合物和氮氢化合物。

目前,化学吸附储氢中,金属化合物储氢需要较高的脱氢温度,同时材料在多次循环储氢后性能也会退化,因此仍无法达到商用标准。

2）物理吸附储氢

物理吸附主要是依靠材料中的纳米结构与氢气产生的范德华力达到储氢目

的。纳米结构材料主要是碳基材料及最近出现的具有低密度、超高表面积和孔隙率的金属有机骨架(MOF)。碳基储氢纳米结构材料主要有活性炭(AC)、碳纳米纤维(CNF)、石墨纳米纤维(GNF)、碳纳米管(CNT)4 种。物理吸附储氢的储氢容量整体较小,且大多数材料目前只能在超低温或超高压环境下实现氢气的大量储存,使其在日常应用中受到限制。

活性炭价格低廉、使用寿命长,是一种极具潜力的储氢材料。然而大量的研究表明,活性炭只有在低温、高压条件下才具有较高的储氢能力,而常温条件下储氢密度很低。例如,Musyoka 等用未燃碳含量较高的粉煤灰样品合成活性炭,在 77 K、1 bar 的条件下的氢气吸附量为 1.35 wt%;Stelitano 等以松果为前体制备活性炭,在 77 K、80 bar 的条件下获得 5.5 wt% 的氢气吸附量;Samantaray 等使用生物质前体和 KOH 活化过程合成的活性炭具有高达 2 090 m^2/g 的比表面积和 1.44 m^2/g 的比孔隙体积,在 1.5 MPa 压力和 25℃下,氢气吸附能力约为 1.06 wt%。活性炭材料的孔径、孔径体积和大表面积之间的平衡有助于在室温和中等压力下提高材料的吸氢率,是今后研究的重点。

碳纳米纤维内部有大量的分子级的细孔,该特性使得其具有很高的比表面积,能够吸附大量的氢气。常温下氢气的吸附能力取决于微孔的体积与尺寸(最佳孔径是氢分子直径的两倍),而在低温 77 K 时,氢吸附能力取决于表面积和碳材料的总微孔体积。Hwang 等用 Ni – MgO 催化剂催化分解甲烷合成的纳米碳纤维在 25℃,12 MPa 压力下的氢气吸附能力达到 1.4 wt%。实验研究证明,单质的纳米碳纤维在室温下的储氢能力很难再提升。因此,与其他材料(主要是轻金属)进行复合形成的复合储氢材料成为研究的热点。

固态储氢相比于气态和液态储氢体积更小、安全性更高,可通过汽车、货车、集装箱船运输,更适合大规模、远距离的安全运输方式,受到国内外广泛关注。

通过对各种储氢方法优缺点进行对比分析,其结果见表 3 – 2[69],高压气态储氢技术成熟度最高,目前已得到广泛应用,但其体积储氢密度较低,离储氢技术目标还有一定距离,且安全性较差;液态储氢是唯一满足 DOE 车载储氢技术目标所有要求的储氢方式,其技术比较成熟,但氢气液化难度较大,安全性较差,多用于航空航天项目。目前,世界各国都在积极探索液氢在民用方面的应用。有机液态储氢和固态储氢在储氢密度、安全性等方面具有优势,是目前世界各国积极探索研发的储氢技术,但目前技术成熟度较低,存在放氢温度高等缺点。

表 3－2　不同储氢方法优缺点对比

储氢方法	优　点	缺　点	应　用
气态储氢	设备结构简单、压缩氢气制备能耗低、充放氢速度快、温度适应范围广、成本低	储氢体积密度低、安全性差	钢瓶、轻质高压储氢罐、车用储氢
液态储氢	储氢体积密度高、液态氢纯度高、安全性相对较好	液化过程能耗大、易挥发、成本高、对储氢容器要求高	航空航天
有机液态储氢	储氢体积密度高、液态氢纯度高、储运过程安全高效、可多次循环使用	能耗大、操作条件苛刻、可能发生副反应	－
固态储氢	储氢体积密度高、能耗低、安全性好	成本高、储氢质量密度低、充放氢效率低	－

3.2　氢气运输技术

如图 3－4 所示,依据输送时氢气所处状态,氢能运输方式可分为气氢输送、液氢输送、固氢输送。

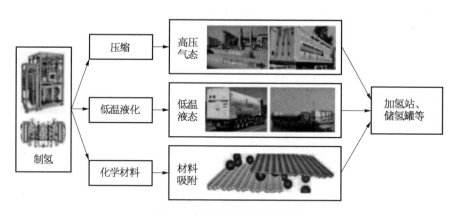

图 3－4　氢能运输方式流程示意图

3.2.1　气态运输

气态运输主要分为长管拖车和管道运输 2 种方式。长管拖车运输技术较为成熟,中国常以 20 MPa 长管拖车运氢,单车运氢约为 300 kg,正在积极发展 35 MPa 运氢技术。国外则采用 45 MPa 纤维全缠绕高压氢瓶长管拖车运氢,单车运氢可提至 700 kg。由于中国目前氢能发展处于起步阶段,整体产氢规模较小,氢能利用的最大特点是就地生产、就地消费,氢气的运输距离相对较短,因此多采用长管拖车运输。

中国可再生能源丰富的西北地区有望成为未来氢能的主产地,而中国能源消费地主要分布在东南沿海地区。在未来氢能大规模发展的前提下,管道运输可实现氢的低成本、低能耗、高效率跨域运输。最早发展氢气管道的是美国和欧洲一些国家,其氢气长输管道建设及输氢技术已较成熟,颁布了一系列指导管道设计和建设的标准规范,包括:美国机械工程师协会颁布的 ASME B31.12 - 2019 *Hydrogen Piping and Pipelines*、欧洲工业气体协会颁布的 IGC Doc 121/14 *Hydrogen Pipeline Systems*、压缩气体协会颁布的 CGA5.6 *Hydrogen Pipeline System* 等。与此同时,一批具有示范意义的纯氢管道工程已建成,其中,美国墨西哥湾沿岸纯氢管网总里程约 965 km,输氢量 $150×104$ m³/h,最大运行压力 6 MPa,是目前全球最大的氢气供应管网。当前,在工程应用方面,针对氢基础设施转型与系统优化的基础研究与案例分析受到广泛关注,相关技术研究主要集中在管输工艺、管材评价及安全运行保障方面。

管道运氢运输量大、运行压力低、安全性高,可充分借鉴天然气管道运输相关经验,被认为是目前最有效的大规模、长距离运氢方式之一,但是由于氢气具有易燃、易爆且易致氢脆的性质,氢气管道建设难度大、造价高,如何在氢气管道设计和运行阶段进行经济性优化,对降低氢气储运成本至关重要。

氢气管道运输的成本由固定成本和可变成本构成。其中固定成本主要包括设备折旧与摊销、直接维护及管理费,受设计阶段管道规模的影响。可变成本主要包括压缩电耗与运输损耗,主要受运行工况即气体输送量的影响。在氢气需求量一定的情况下,氢气单位运输成本是随着运输距离的增加而增加的,如图 3 - 5

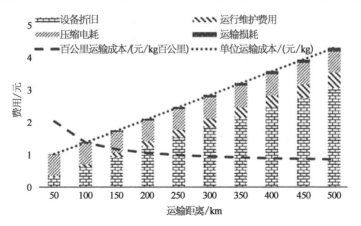

图 3 - 5 管道运氢成本构成与运输距离关系图

所示,设备折旧和运行维护费用是推动成本上升的主要因素。由于运行维护费用通常与设备初始投资的直接影响,因此,想要降低氢气管道运输成本的关键在于优化设计阶段的关键工艺参数。

氢气百公里单位运输成本随运输距离的增加而显著下降,当运输距离大于 200 km 时,下降速率趋于平缓。因此,远距离输送场景下,管道运氢优势更加明显,在考虑综合收益的情况下,建议优先推进远距离(>200 km)氢气管线建设。

氢气管道设计阶段的首要工作是充分考虑市场承载能力,并预测用能终端及附近区域近期及中远期用能需求增长情况,尽可能降低管道建设及运行维护费用,合理确定管道的运力设计,以减轻用户的使用负担,保障氢气储运系统的经济性。目前氢能消费途径以工业为主,但随着技术发展进步,未来交通、建筑、电力等行业用能潜力巨大。因此,在氢气管道设计初期,建议提前布局,合理预留部分运力,以期实现更好的经济效益。但是管道运力的综合使用率对储运成本的影响十分显著,运能利用率上升时,管道运氢成本显著下降。如图 3-6 所示[76],当运能使用率达到 60% 以上时,单位运输费用降低速率变缓,达到 10% 及以下。

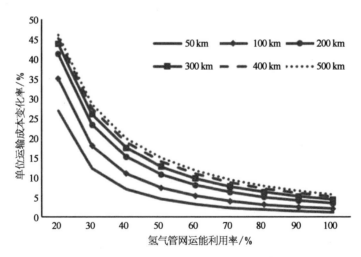

图 3-6 管道运氢单位成本与运能利用率关系图

工业用氢通常具有连续稳定的特征,但交通、电力等其他领域用能则具有相对较大的波动性。建议优先整合区域市场需求,建设长距离大规模输氢管线统一输送,以期实现相对稳定的用能需求,维持较高的运力使用率,降低储运成本。若用能端波动性难以避免,则在管道下游建立缓存储氢装置,尽量将管道运力使用率在相对较长的时间内维持在 60% 以上。

$$Q_m = \frac{\pi D^2 \rho v}{4} \qquad\qquad (3-1)$$

式中：Q_m——质量流量（kg/s）；D——管径（m）；ρ——氢气的密度（kg/m³）；v——流体通过过流断面的平均速度（m/s）。

通过上式可以看出，氢气管道的运力主要受到管径、气体密度、流体速度的影响。其中，流体速度主要由起点压力、终点压力、管路水力摩阻等因素决定。如何合理设计氢能管道各项工艺参数、提升运力利用效率、降低运行能耗并延长设备使用寿命是实现氢气管道储运系统经济高效运行的关键。以下将针对管径、运行压力、管路材质与工艺等关键参数对系统经济性的影响进行综合分析。

管径是影响管道输气能力的关键，在其他条件不变的情况下，当管径增加 1 倍时，管道运力将增加 3 倍。因此，增加输气干线管径是提高输气量的一个最为有效的途径，也是当前管道储运技术的一个重要发展方向。氢气管网的主要作用是气体输送，但是由于管线长度较大，且运行压力存在一定的波动范围，所以长距离干线管网还可以起到储气的作用。随着管径的增大，管网内储气能力上升，调峰作用增强。当前氢能在交通、建筑等行业的应用处于发展初期，用能需求具有明显的波动性，而氢气制备环节则多为平稳连续生产。充分利用长输管道的储气作用，在一定程度上平衡上下游间的气量不均衡，是一种较为简便、合理的解决方案。管径的增加可以显著提升氢气管网的输气和储气能力，但是随着管径增加，钢材用量也会增加，同时配套的阀门、支架等配套设备造价及建设费用也会相应上升。因此，需要综合考虑经济性因素以确定管径大小。

通常氢气储运管道运行压力处于 1~4 MPa，管道内壁需要承受一定的压力，因此，为了保障储运系统的安全运行，输气管壁必须根据输送介质的压力设计合理的厚度。输送气体压力上限越高，管壁设计厚度应该越大。同时，随着管道内径的增加，管壁的厚度也应当随之增大。此外，在氢气管道储运系统的建设运行过程中，还会受到诸如制造偏差、腐蚀情况、不可预见的外力等因素的影响。为了保障管网系统的安全稳定运行，在设计阶段通常会适当增加管壁的厚度（管道壁厚附加值）。管壁厚度的增加可以提升储运系统压力上限、提高管道运力与运行安全性，但是会导致设备费用上升，建设投资增大，设计阶段需综合经济性进行优化分析。

管道中气体的流速可以通过改变起始端与末端之间的压降来进行调整，但是一般管道末端用户对供气压力有统一要求，因此通常保持末端压力不变，仅采用压缩机加压，提升管道起始端的压力，以提升输气能力。压缩机的运行参数决定了管网的运行工况，当末端用户用能需求发生变化时，可以通过调整压缩机以最大限度地利用氢管道的储运能力。但是压缩机的运行需要消耗一定的能量,因此可以采取压缩机多级联动的方式,并结合实际工况及时优化调整运行参数,以节约费用。在压缩机工况调整的过程中,应尤其注意始终保持运行压力在管道的设计压力范围内,以保障安全。同时,输氢管线中压力增加,会使氢脆和氢致开裂现象更加明显;且管路压降增大,气体流速上升,会加速管道内壁的冲刷磨蚀速率,进而影响管线寿命。因此,在管道运行压力设计和调控的过程中,应当综合考虑其对管网储运能力、系统能耗与设备寿命的影响。

管道材质与工艺的选择也是氢能管网设计阶段要考虑的重要内容,在其他因素相同的情况下,管路水力摩阻的降低可以提升管路的输气能力。通常降低水力摩阻的方式主要包括:优化管线材质;在运行过程中及时清理管道内壁附着杂质;在管道内壁增加涂层。在管道储运系统中,管路材质在影响管网输气能力的同时,还会对系统的安全性产生非常重要的影响。尤其是在氢气储运系统中,由于金属材料长期工作在氢气环境中会发生力学性能的明显劣化,管线材质与工艺的选择直接影响到系统的安全性。因此,在氢气管道设计阶段,需要针对钢级、合金元素、管型等因素进行深入的分析比选,充分考虑氢脆、低温或超低温材质性能转变的问题,通过对材料、工艺的选择,尽量减小在储运过程中氢气对钢材的损伤程度,降低氢气泄漏、爆炸的风险。

综上所述,管道运氢适宜长距离输送场景,单位运输成本随运输距离的增加而显著下降,其中设备折旧和运行维护费用是成本主要构成部分,降低氢气管道运输成本的关键在于设计阶段工艺参数的优化。管道运力的综合使用率对储运成本的影响十分显著,当运能使用率达到60%以上时,单位运输费用降低速率变缓,达到10%及以下。管径、管壁厚度、运行压力、管路材质与工艺是设计阶段应当重点关注的关键参数,应当在保障安全与相关标准的前提下,综合近远期用能需求与经济性进行优化设计。

相比国外,中国氢气输送管网建设比较缓慢,管道输氢技术发展处于初级阶段,尚未形成完善的氢气管道输送体系,尚未制定完整的指导氢能大规模利用的标准。截至目前,颁布的氢能相关领域标准规范有 GB/T 34542—2017《氢气储存输送系统》、GB 4962—2008《氢气使用安全技术规程》、GB/T 29729—2013《氢系统安全的基本要求》、GB 50177—2005《氢气站设计规范》等。

氢能管道储运标准体系的建立有助于提升企业产品、技术竞争力,促进业内良性竞争,并助力国内企业占领全球产业市场,期待针对氢气、高纯氢气介质的长输管道设计、建设标准体系的建立,以促进国内氢气管道储运技术的进步与相关项目建设的有序开展,并进一步推动国内氢能源产业高质量发展[76]。

目前国内现有氢气输送管道总里程仅约 400 km,其中中国自主建设的典型输氢管道有 3 条：2013 年建成投产的扬子—仪征氢气管道工程、2014 年建成投产的巴陵—长岭氢气管道工程、2015 年建成投产的济源—洛阳氢气管道工程。此外，目前正规划建设中国第一条长距离、高输量、燃料电池级氢气管道，即定州—高碑店氢气管道。巴陵—长岭输氢管道已安全运行 7 年，大量运行数据可用于验证氢管道工艺系统模型的准确性，为长距离气氢管道输送积累了宝贵经验。

此外，近年来欧美国家提出在现有天然气管输介质中掺入一定比例氢气形成掺氢天然气的管道运输方案。氢气是一种低碳清洁气体燃料，天然气掺氢后可以减少碳排放。同时，还可以避免大范围建设氢气管道，成本低且高效，有望成为氢能大规模应用的有效途径[77]。

目前，天然气输送管网相对完备，而氢气输送技术面临的诸多挑战，如技术规范匮乏、安全风险大、投入成本高等，均是阻碍氢气管道输送技术发展的关键因素。掺氢天然气与常规天然气在性质上存在一定差异，差异大小取决于掺氢比。在天然气中掺混不同比例的氢气，会得到不同的燃烧指数和性能指数，因此，掺氢比不同会对管道输送工况及燃气终端用户等造成较大影响。美国的丹佛示范项目结果表明：与天然气相比，氢气以质量分数 5% 的比例掺入天然气后燃烧产生的碳氢化合物、CO、NO_x 分别降低 30%、50%、50%，而且氢气与天然气混合燃料对降低 CO_2 的排放也有效果。Haeseldonckx 等[78]研究了利用现有天然气管道按一定比例掺入氢气输送的可能性，结果表明：掺入体积分数 17% 的氢气不会对管道输送造成困难，但若掺入更多氢气，则需更换承运管道和改变最终用途。Witkowski 等研究了 H_2/CH_4 体积比例分别为 10/90、25/75、50/50 的混合气体在不同内径(0.15 m、1.0 m)现役天然气管道中的最大安全输送距离，结果表明：对于内径为 0.15 m，运输距离为 10 000 m 的管道，最大安全输送距离为 15 320 m；对于内径为 1.0 m，运输距离为 100 000 m 的管道，最大安全输送距离为 130 146 m。王玮等[79]采用多种燃气互换性判别方法对天然气在不同掺氢比下的燃气互换性进行评估，结果表明：天然气管道供应系统最大掺氢体积比不应超过 27%。进入 21 世纪，欧洲国家相继开展天然气掺氢技术研究并实施示范项目，如欧盟 Naturalhy 项目、荷兰 Sustainable Amelan 项目、德国 DVG 项目、法国 GRHYD 项目、英国 Hydeploy 项目等。2019 年，中国在北京市朝阳区实施首个电解制氢掺入天然气示范项目。

3.2.2 液态运输

液态输氢有两种常用载体：液氢罐车和专用液氢驳船，适用于单日用氢量较大的加氢站,其中液氢罐车已成为日本、美国等加氢站运氢的重要方式之一。

公路液氢罐车的液氢储量可达 100 m³,铁路液氢罐车的大容量槽车储量可达 120~200 m³。专用驳船运氢能力大、能耗低,适合于远距离液氢运输。罐储量高达 1 250 m³ 的船用液氢储罐和单船运输能力达 2 500 m³ 的液氢专用驳船如图 3-7[80] 所示。液氢船运的能耗低、运量大,受到多国关注。日本政府联合川崎重工公司在澳大利亚开展的褐煤制氢-液氢船舶运输示范项目是第一个液氢驳船运输项目,该项目的主要目的之一为论证液氢大规模运输的可行性。加拿大和欧洲共同撰写的《氢能开发计划》中提到从加拿大运输液氢至欧洲的计划,报告重点讨论了总容积达 1.5×10^4 m³ 的液氢储罐在驳船甲板上的设置方式。

(a) 1 250 m³ 海上液氢储罐　　　　　(b) 运输能力为2 500 m³的专用液氢驳船

图 3-7　船用液氢储罐和液氢专用驳船

针对液氢管道输送,中国在航天领域开展了大量研究,通过低温管道将液氢输送至火箭加注设备。受温度、压力、流量控制等因素制约,输送成本较高,仅适用于具有足够冷量的短距离输送。针对低温液氢管道输送中的氢气液化与储运工艺,有日本 We-net、欧洲 IDEALHY 等示范工程,中国航天科技集团六院 101 所开展了"大型国产氢气液化系统关键技术和装备"项目研究。氢气液化过程能耗高、效率低,提高液化效率、降低单位能耗、减少㶲损失、优化氢液化流程是当前研究重点;氢气在超低温区液化,但目前超低温环境下流体在换热器和膨胀机等关键设备中的流动特性不明确,而正仲氢催化转化效率的提高也是氢液化流程中的一大挑战。因此,正仲氢转化器、主低温换热器、低温膨胀机的设计优化对推进氢气液化装置的国产化进程具有重要意义。现有研究主要集中在氢气液化流程的数字孪生与集成优化方法、氢气液化流程中超低温流体的换热与膨胀特性、氢气降温换热与正仲氢转换的耦合机制等关键科学问题。

以有机液体为载体的液体(称为"氢油")输氢方式也在兴起,"氢油"能够充分利用当前建成的成品油管道与供销体系,大幅降低氢的运输成本,因而拓展了氢利用的内涵与市场。"氢油"管道输送涉及3个环节:① 通过有机液体与氢气的加成反应对氢能实现常温常压液态储存;② 储氢有机液体的管道输送;③ 储氢有机液体到达用户终端后借助催化剂实现氢能释放和利用。显而易见,有机液体储氢及其管道运输是可再生能源制氢与大型发电厂、氢联合站、电网、氢能市场及氢加注站等终端用户的纽带。而在管道运输方面,从物性参数和经济成本两个角度考虑,"氢油"管道运输的可行性最大,根据现有成品油管道输送的发展历程,可以对"氢油"物性参数进行初步设计,但迄今尚无在役"氢油"输送管道,缺乏工程经验。未来,设计"氢油"管道需采用模拟和实验相结合的方法,根据已有成品油管道输送工艺对"氢油"输送进行模拟验证,评估有机液态运氢的安全性、经济性及环境影响,充分利用现有成品油能源供给基础设施架构,制定可规模化实施的"氢油"储运技术路线。

综上,氢能源大规模应用的有效途径是利用管道输送的方式实现长距离跨地区氢能运输,无论是气氢管道输送还是液氢管道输送,中国与国外都存在较大差距,其中管材评价、安全运行、工艺方案及标准体系等方面均存在诸多关键难题亟待解决,未来需突破氢能管道安全高效稳定输送理论与技术瓶颈,形成以关键设备和工艺软件为核心的技术体系,编制标准体系,建设以氢能管道为纽带的产业体系。

3.2.3　固态运输

固态储氢相比于气态和液态储氢体积更小、安全性更高,可通过公路、水路运输,更适合使用大规模、远距离的安全运输方式,受到国内外广泛研究。国外进行相关研究的国家和团体有美国、日本、欧盟等。日本从20世纪70年代开始投入相关研究,1996年,丰田推出了第一款搭载固态储氢系统的氢燃料电池汽车;2001年,其推出的搭载固态储氢系统的氢燃料电池汽车FCVH-2行驶距离达到了300 km。日本WE-NET项目中同样涉及固态储氢加氢站的推广。国内目前也有小规模固态储氢应用项目,氢储(上海)能源科技有限公司已经完成了以MgH₂为储氢材料的相关材料开发和测试,正在进行从小容量单容器储-放氢过渡到大容量容器组储-放氢的实验,该技术有望应用于小容量工业储氢产品和大规模工业储运氢车。

从运输方面来看,运输成本是目前氢能发展关注的重点。目前适用于大规模氢能运输的技术方案主要有集装管束运输、管道运输及液氢槽罐车运输。图3-8反映了常见的3种氢气运输方式的成本随运输距离的变化。管道运输与集装管束、液氢槽罐车相比,技术要求在中等范围,技术成熟度相对较高,且对市场价格敏感性低,不会因市场变化而发生较大波动。

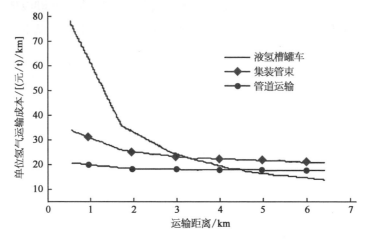

图3-8　3种氢能运输方式成本随运输距离变化曲线

　　目前,中国氢能产业处于发展初期,运输距离短、氢气需求量小,远距离运输优势明显。目前已有相关示范项目进行远距离运输探索,为未来大规模氢能运输发展做技术储备。气态管道运输成本最低,是氢气运输的最佳选择。尤其在远距离输送场景下,气态管道运输优势更加明显,在考虑综合收益的情况下,建议优先推进远距离(>200 km)氢气管线建设。然而,由于管道铺设难度大,一次性投资成本高,目前还难以实现大规模氢气管道运输。以现有的天然气运输管网为基础,进行天然气掺氢运输试验是探索氢气管道运输的有效途径。

　　有机液体运输和固态运输是安全性较高的运输手段。然而,由于目前有机液态储氢和固态储氢技术还处于探索阶段,相应的运输规模有限,可作为未来氢气运输的有效补充手段进行技术探索。

3.3　加氢站注氢

　　加氢站被认为是氢燃料电池汽车可以商业化发展的前提条件之一。加氢站有多种分类方法,通常分为站外制氢和站内制氢两种类型。

　　很多发达国家将燃料电池汽车和加氢站的发展作为国家重要的能源战略进行规划,设立了专项研究团队开展研发与推广。日本在能源战略计划中提出,到2020年要建设160座加氢站,约4万辆氢燃料电池汽车投入运营;德国则计划在 2023 年实现 400 座加氢站和 10 万辆氢燃料汽车投入运营[81]。中国氢能发展起步较晚,加氢基础设施建设始于"十一五"期间,2006 年建成的北京永丰加氢站是中国最早的加氢站。此后,中国不断发展绿色能源经济,在 2016 年发布的《节能与新能源汽车技术路线图》中明确提出中国氢能战略发展目标:2020—2030 年间,实现加氢站从 100 座到 1 000 座的数量提升。截至 2020 年底,全球共有 553 座加氢站投入运营,欧洲有 200 座加氢站,其中德国 100 座、法国 34 座;亚洲有 275 座加氢站,其中日本 142 座、韩国 60 座、中国 69 座。加氢站的结构如图 3-9 所示。

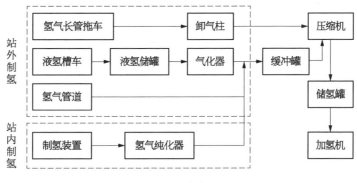

图 3-9 加氢站结构

加氢站作为氢燃料电池汽车规模化发展过程中必不可少的基础设施,必须确保其各个环节的安全性。加氢站风险评价方法主要分为快速风险评级、量化风险评价两种。Rosyid 等对储罐破裂导致瞬时气态氢释放过程进行故障树分析,从基本事件出发估算顶上事件储罐破裂发生的概率。Kikukawa 等利用已有 35 MPa 氢气数据外推 70 MPa 氢气数据,对 70 MPa 燃料电池汽车加氢站进行风险评估,采用 FMEA 和 HAZOP 方法识别了 721 个故障场景,结果表明:70 MPa 加氢站安全距离与 35 MPa 加氢站安全距离相同;之后又利用 FMEA 和 HAZOP 方法对液氢加氢站进行风险评估,确定了 131 个事故情景,提出 67 项安全保障措施。Li 等对上海某氢气站开展定量风险评价,研究了氢气站发生严重事故的伤亡距离。Nakayama 等通过 HAZID 分析对某汽油氢气混合加气站开展危险辨识,该加气站使用以甲基环己烷为有机氢化物现场制氢,结果确定了 314 种涉及汽油和有机氢化物系统的事故情景,进而通过数值模拟对加氢站多米诺骨牌效应情景进行研究,结果表明:甲基环己烷和甲苯的池火可能损坏站内设备;氢气储罐可能因池火热辐射而破裂。Gye 等对城镇高压加氢站开展定量风险评估,结果表明:长管拖车和分配设备泄漏及长管拖车爆炸是主要风险。

目前,加氢站注氢环节研究主要存在以下问题:工程设计、建设、运营管理等可参考标准少,是否适合中国国情没有科学验证与成熟结论;标准规范不健全,内容参差不齐,个别条文可操作性不强;归口管理单位多,技术标准不统一;中国加氢站相关标准规范中,安全间距采用经验类比值,数值较大,增加了加氢站占地面积,增大了加氢站推广难度。

4. 氢燃料电池技术及其发展

可持续发展理念下,人们要求优化能源使用结构,即应在规范使用清洁能源的基础上,减少化石能源的用量;进而在保证产业效益的基础上,消除石化生产所带来的能源及环境危机,确保工业产业清洁化、绿色化生产。氢燃料电池技术是基于这一背景产生的全新技术形态,其通过清洁能源的开发和商业利用,有效地促进了石化产业链的转型,实现了能源产业的可持续发展。在碳中和、碳达峰目标提出后,氢燃料电池获得了基础研究与产业应用层面新的高度关注。

4.1 氢燃料电池基本原理

燃料电池作为一种能量转化装置,通过电化学反应,燃料的化学能转化为电能,同时伴随着热量和产物(H_2O)的生成。单体电池作为燃料电池的核心部分,主要由正极(氧化剂电极)、负极(燃料电极)及电解质三部分组成。燃料电池工作时,氧化剂送入到正极(阴极),燃料送入到负极(阳极),从而产生氢氧化反应和氧化反应(两种反应分别位于电解质隔膜的两侧),对外提供电能。燃料电池与热汽轮机不同,工作不经过热机过程,而是直接通过燃料的化学能产生电能,从根本上摆脱卡诺循环的限制,因此燃料电池的能量转化效率很高。燃料电池若采用纯 H_2(或高纯度 H_2)作为燃料,反应产物仅为 H_2O,不会产生 SO_X、NO_X 等污染物,从而响应"双碳"政策。

燃料电池常见的类型有很多,通常根据电池电解质的种类对其进行区分:碱性燃料电池(AFC)、磷酸燃料电池(PAFC)、熔融碳酸盐燃料电池(MCFC)、固体氧化物燃料电池(SOFC)、质子交换膜燃料电池(PEMFC)等。

不同类型燃料电池的工作温度不同,故也可以根据工作温度将燃料电池划分为不同的种类。AFC 和 PEMFC 工作温度不超过 200℃,属于低温型燃料电池;PAFC 为中温燃料电池(工作温度 100～250℃);MCFC 和 SOFC 属于高温燃料电池(工作温度超过 650℃),详细分类见表 4 - 1[81]。

表 4 - 1 燃料电池的分类

类　型	电解质	传导离子	工作温度	燃料	技术状态	应用领域
质子交换膜燃料电池(PEMFC)	全氟磺酸膜	H^+	室温～100℃	氢气重整气	1～300 kW	电动车和潜艇动力源,可移动动力源
碱性燃料电池(AFC)	KOH	OH^-	50～200℃	氢气重整气	1～2 000 kW 高度发展,成本高,余热利用价值低	特殊需求区域供电
磷酸燃料电池(PAFC)	H_3PO_4	H^+	100～250℃	氢气重整气	1～2 000 kW 高度发展,成本高,余热利用价值低	特殊需求区域供电
熔融碳酸盐燃料电池(MCFC)	$(Li,K)CO_3$	CO_3^{2-}	650～700℃	净化煤气天然气重整气	250～2 000 kW 正在进行现场试验,需延长寿命	区域性供电
固体氧化物燃料电池(SOFC)	氧化锆	O^{2-}	700～900℃	净化煤气天然气重整气	1～200 kW 电池结构选择,开发廉价制备技术	区域供电,联合循环发电

4.1.1 碱性燃料电池

1) 工作原理

碱性燃料电池(AFC)的基本功能如图 4 - 1 所示。该电解质是氢氧根离子导体,在液体电解质的情况下,通常使用 30 wt.%～50 wt.%氢氧化钾溶液。相应的 pH 值可高达 15。阴极的氧气还原反应(ORR)是在碱性条件下产生氢氧根离子,氢氧根离子在阳极的氢氧化反应(HOR)中迁移,生成反应产物水。

在阳极形成的一些水扩散回阴极,并在一个连续的过程中与氧反应形成氢氧离子。整个反应的副产物是水和热,每摩尔氧气产生 4 个电子,这些电子通过外部电路产生电流。理论电动势 EMF(25℃和 1 atm 下的纯 H_2/O_2 环境中)由 $\Delta G = 237.13$ kJ/mol 确定,相当于+1.23 V。如果系统在空气中运行,理想值略小于 1.2 V。在实际操作中,开路时可实现 1～1.1 V 的值。

AFC 的功率输出和寿命与阴极的反应直接相关,大部分极化损失发生在阴极(在高电流密度下高达 80%)。这是因为阴极反应与阳极反应相比是一个缓慢的

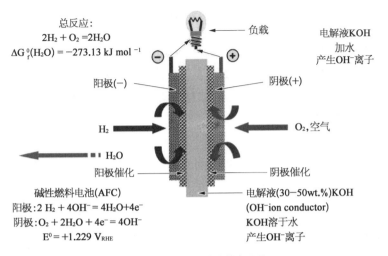

总反应:
$2H_2 + O_2 = 2H_2O$
$\Delta G_f^0(H_2O) = -273.13 \text{ kJ mol}^{-1}$

负载

电解液KOH
加水
产生OH⁻离子

阳极(−)

阴极(+)

H_2

O_2,空气

H_2O

阳极催化

阴极催化

碱性燃料电池(AFC)
阳极: $2 H_2 + 4OH^- = 4H_2O + 4e^-$
阴极: $O_2 + 2H_2O + 4e^- = 4OH^-$
$E^0 = +1.229 \text{ V}_{RHE}$

电解液(30−50wt.%)KOH
(OH⁻ion conductor)
KOH溶于水
产生OH⁻离子

图4−1　碱性燃料电池的基本原理图

反应(在小于 400 mA/cm^2 的电流密度下工作时,阳极过电位约为 20 mV,至少是阴极过电位的 $10 \sim 15$ 倍)。这就是大多数催化剂的发展都集中在阴极的主要原因。

与大多数其他燃料电池类型相比,AFC 可以实现较高的整体电效率(高达 60% LHV),这主要是因为碱性介质中的阴极反应比酸性介质中的阴极反应更容易进行。碱性体系的高电压性能是由于碱性介质中过氧化氢优先形成,比酸性介质中更容易解吸。因此,在给定的电流密度下可以获得更高的电压。

阴极反应是一个复杂的过程,涉及四个耦合的质子和电子转移步骤。几个基本步骤涉及反应中间体,导致反应途径具有多种可能性。反应的确切顺序仍是未知的,所有反应步骤和中间产物及其动力学参数的识别十分具有挑战性。

在酸性电解质中,阴极反应是电催化的,但当 pH 值变为碱性时,涉及超氧化物和过氧化物离子的氧化还原反应开始发生,并在 AFC 的强碱介质中占主导地位。碱性电解质中的反应可以随着相对稳定的 HO_2^- 溶剂化离子的形成而停止,HO_2^- 溶剂化离子很容易歧化或氧化为氧气。虽然对准确的反应顺序没有共识,但在碱性介质中有两种总体途径:

① 直接 4 电子途径:

$$O_2 + 2H_2O + 4e^- \longrightarrow 4OH^- \tag{4-1}$$

② 过氧化物途径或"2+2 电子"途径:

$$O_2 + H_2O + 2e^- \longrightarrow HO_2^- + OH^- \tag{4-2}$$

$$HO_2^- + H_2O + 2e^- \longrightarrow 3OH^- \tag{4-3}$$

所产生的过氧化氢也可能发生催化分解,生成氧气和 OH^-:

$$2HO_2^- \longrightarrow O_2 + 2OH^- \tag{4-4}$$

2）阴极催化剂材料[82]

AFC 的功率输出和寿命与阴极的表现直接相关。因此,阴极在与 AFC 相关的催化剂开发方面获得了最多的关注,特别是寻找最佳的催化剂和电极结构,以提高性能和稳定性。

（1）贵金属催化剂。

贵金属催化剂中又分为铂族催化剂与非铂族催化剂,铂族催化剂有铂、钯。非铂族贵金属催化剂有金、银。

铂(Pt)是电还原氧最常用的催化剂,所有铂基金属在碱性介质中根据直接四电子过程还原氧。在非常低的 Pt/C 下,由于碳的限制,交换电子的总数约为2 个,但随着 Pt/C 的增加而增加,在 60 wt. % Pt 时交换数量达到 4 个电子。由于铂和其他铂基金属的成本较高,人们开发了各种技术来降低负载。如微乳液法、浸渍法,胶体法和采用热分及各种化合物还原方法的程序已广泛应用于新型催化剂材料的设计和制造。

钯(Pd)是另一种铂族贵金属催化剂,在碱性介质中对阴极反应具有高活性。无论是作为合金还是以纯态使用,Pd 都是最容易用作 Pt 替代品的材料之一。在纯态时,铂的性能优于钯,但 Pd 和过渡金属如 Fe 或 Co 合金化之后性能更佳。

尽管金-100(Au)十分稀有,但它是碱性介质中氧还原反应最活跃的电催化剂。与铂和钯类似,为了减少催化费用,Au 也可以与成本较低的元素生成合金。

银(Ag)也被视为铂的潜在替代品,因为它具有较高的阴极反应活性和较低的成本。Ag 颗粒的大小影响了两电子和四电子途径这两个过程的催化活性。根据 Coutanceau 等人的报告,银的最佳装载量为 20 wt. %（$n = 3.6 \sim 3.8$）。

（2）碳基催化剂。

寻找非铂族贵金属催化剂的研究已经发现了掺杂非金属的碳基材料,这些材料在碱性溶液中催化氧还原方面表现出了异常良好的效果。杂原子,如氮、硼、硫和磷,在用作碳纳米管(CNTs)、石墨烯和碳黑等碳支撑材料的掺杂剂时,具有超常的作用。电催化活性的增加可能是由于碳和掺杂剂之间电负性的差异引起电荷极化。尽管确切的过程仍在争论中,非金属掺杂碳纳米管的有益影响被认为是打破了碳纳米管的电中性,为吸附 O_2 创造了带电位点。

3）阳极催化材料

氢氧化反应(HOR)和析氢反应(HER)是燃料电池、水电解和制氯工业等技术中的两个重要反应。由于碱性电解槽的发展,HER 得到了更大程度的研究,其整体效率达到 70%,电流效率高达 99%,是一项成熟的商业化技术。

氢反应研究表明,与酸性电解质相比,碱性电解质中的反应动力学明显较慢。实际上,使用交换电流密度作为测量因子,在两种电解质中约为两个量级。目前公认的碱性介质中 HOR 的机理包括 Tafel/Heyrovsky 反应,其次是 Volmer 反应:

$$H_2 \longrightarrow H_{ad.} + H_{ad.} \tag{4-5}$$

$$H_2 + OH_{aq.}^- \longrightarrow H_{ad.} + H_2O + e^- \tag{4-6}$$

总体反应:

$$H_2 + 2OH^- \longrightarrow 2H_2O + 2e^- \tag{4-7}$$

根据催化剂在碱性介质中的活性,Tafel/Heyrovsky 反应是低过电位下的缓慢步骤,而电解液中溶解的 H_2 扩散被认为是高过电位下的速率决定步骤(RDS)。Volmer 步骤通常被标记为 RDS。

(1)铂族催化剂。

Pt 通常是最好的电催化剂,无论氢是被还原还是氧化。与其他铂族金属(如 Pd)一起作为单、二元、三元或双金属组合使用,它一直是 AFC 的首选。Pt 是 HOR 的最佳电催化剂,通过开发 PEMFC,在低温酸性介质中得到了广泛的研究。相反,在碱性介质中的研究较少。结果表明,在碱性 pH(7~15)范围内,由于 H_2 气体在水溶液电解质中的溶解度较低,Pt 的极限反应过程始终是溶解氢的扩散。此外,当 pH 由酸性升高到碱性时,会发生热力学变化,导致与氧及其中间产物相关的吸附自由能下降,导致 Pt 表面被 OH⁻ 钝化。此外,氢气结合能的增加进一步延缓了 HOR。

Pd 是一种与 Pt 相似的元素,因为它们都来自同一族,但 Pd 具有显著的优势。其存量是 Pt 的 50 倍,价格是 Pt 的一半。

(2)过渡金属。

镍基(Ni)及其相关变种材料由于其抗腐蚀的强度,在阳极碱性条件下作为铂族贵金属的替代品已经得到了深入的研究。高表面积镍(Raney nickel)是对 HOR 反应最活跃的非贵金属催化剂之一,在传统 AFC 中很受欢迎。高表面积镍是最常用的载体材料,因为它对 HOR 的活性低,但该材料还存在显著的稳定性问题,因此通过掺杂等方式进行改变至关重要。Ti_2 和 $Mo_{21.3}$ 掺杂高表面积镍后,交换电流密度分别提高 3.9 倍和 2 倍。高表面积镍的催化活性和稳定性是有限的,并随着时间的推移而逐渐失活。失活主要是由于镍的氧化和 $Ni(OH)_2$ 的形成使电极钝化。这可以通过用 H_2O_2 处理电极来缓解,或掺杂少量的过渡金属,如 Ti、Cr、La 或 Cu。在使用高表面积镍电极之前,活化过程是必要的,因为当与接触氧气时,表面会发生氧化。活化过程涉及阴极电流的应用,在阴极电流中,Ni 氧化物随着氢气的析出而被还原。为了提高耐氧化性,镍电极被掺杂了钨,与纯镍电极相比,这也导致激活时间增加了 5 倍。

与阴极催化剂材料类似,在阳极催化剂的碳载体中使用杂原子(N、S、B 等)作为掺杂剂最近也受到了关注。研究人员对掺杂 N、S 或 B 的碳基镍纳米颗粒进行了研究,所有三种所得材料相对于原始 Ni/C,电化学表面积(ECSA)有所增加。四种催化剂的比活性依次为 Ni/S - C>Ni/N - C>Ni/C>Ni/B - C。此外,ECSA 的增加与杂原子掺杂剂有关,杂原子掺杂剂通过锚定效应增强了均匀小颗粒的生成,从而导致更多的成核位点和更高的成核速率。

4.1.2 磷酸燃料电池

在众多的燃料电池中,磷酸燃料电池(PAFC)因其相对较低的电解质成本及较高的耐久性等优点,被认为是最成熟的氢氧燃料电池技术之一。然而,PAFC 较低的输出功率密度成为限制其广泛商业化的关键因素。为了提高 PAFC 的输出功率密度,研究人员做了大量的研究,包括 PAFC 材料制造、电化学过程和传输现象、电池堆结构模型、优化操作条件和电池设计、混合系统等。

1) 工作原理

PAFC 是以浓磷酸为电解质,以铂催化的气体扩散电极为正、负极的中温型燃料电池。PAFC 的工作温度比质子交换膜燃料电池和碱性燃料电池的工作温度要稍高一些,大致的工作范围在 $100\sim250℃$。

PAFC 具有多种优点,一方面磷酸燃料是以浓磷酸作为电解质,挥发度低,同时以碳材料作为骨架,所以性能稳定、成本低廉;另一方面,磷酸燃料种类多样,如氢气、甲醇、天然气、煤气,这些燃料的来源众多,获取资源成本低,而且最终反应物中无毒害物质,也不需要 CO_2 的处理设备,所以具有清洁安全无噪声的特点[83]。相比于碱性燃料电池而言,其最大的优点便是不需要专门处理 CO_2 的设备,故反应气体可以直接使用空气。PAFC 的燃料采用重整气,将其应用在固定电站等相关领域,具有极大的优势和潜力。

单体 PAFC 的结构如图 4 - 2 所示。PAFC 的反应原理是:燃料气体或其他媒介添加水蒸气后送入改质器,改质器中的反应温度可达 $800℃$,发生反应 $C_XH_Y+XH_2O \longrightarrow XCO+(X+Y/2)H_2$,从而把燃料转化成 H_2、CO 和水蒸气的混合物;同时 CO 和水进入移位反应器中,并经催化剂进一步转化成 H_2 和 CO_2;最后,这些经过处理的燃料气体进入负极的燃料堆,同时将空气中的氧输送到燃料堆的正极(空气极)进行化学反应,借助催化剂的作用迅速产生电能和热能,如图 4 - 3 所示。其反应过程为阳极反应：

$$H_2 \longrightarrow 2H^+ + 2e^-$$ （4－8）

阴极反应：

$$\frac{1}{2}O_2 + 2H^+ + 2e^- \longrightarrow H_2O$$ （4－9）

总反应：

$$\frac{1}{2}O_2 + H_2 \longrightarrow H_2O$$ （4－10）

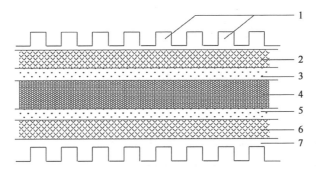

1—气体通道；2—多孔质支持层；3—多孔催化剂层；4—磷酸电解质层；5—多孔催化剂层；6—多孔质支持层；7—集流体

图4－2　磷酸燃料电池结构图

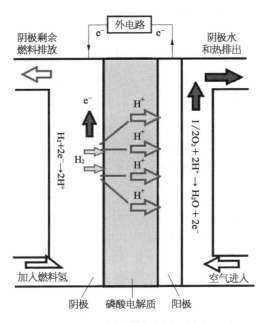

图4－3　磷酸燃料电池电极反应图

PAFC 最初研究和开发是为了控制电网的用电平衡,20 世纪末,其重心侧重于向公民住宅、医院、商场、旅馆等提供热电联产服务。此外,PAFC 还可以用于车辆电源和可移动式电源等。

2）电极催化材料

PAFC 要获得社会广泛认可和使用,就需要进一步提高电池功率密度,延长电池使用寿命,提高其运行可靠性。其中,催化剂的性能是燃料电池性能的最重要的影响因素。文献[84]运用电化学方法测定了 Pt/C 催化剂在磷酸中不同时效阶段的电化学活性面积,同时采用 XRD/TEM 分析了 Pt/C 催化剂在时效过程中尺寸的变化,并运用分光光度法测量电极所在的磷酸中铂的含量,考察了 Pt/C 电极在不同情况下的溶解情况,结果表明:

（1）通过时效后催化剂的电化学活性出现衰减。

（2）通过 XRD/TEM 分析可知,在时效过程中催化剂的粒径会逐渐增大;使铂催化剂粒径增大的团聚过程是一个物理过程;铂催化剂的粒径增大使得催化剂的电化学活性面积大幅下降,而由溶解所致的活性面积减小只是活性面积减小的一个微小的因素。

（3）溶解试验表明,催化剂在开路状态下会发生溶解,在不同的时间段催化剂的溶解速度不相同;催化剂在开路状态下的溶解是一个电化学腐蚀过程;催化剂在阴极极化下铂金属处于阴极保护状态,不易失去电子而发生溶解。

4.1.3　熔融碳酸盐燃料电池

熔融碳酸盐燃料电池(MCFC)能够将 H_2、CH_4、煤制气等燃料的化学能通过电化学反应直接转化为电能,是一种先进的清洁高效发电技术。MCFC 工作温度高(650~700℃),无须贵金属做催化剂,并且可以与燃气轮机结合组成混合发电系统,具有排放污染少、发电效率高等优点,其发电效率可达 45% ~ 48%,经优化后可达 60%,耦合热电联供系统后综合效率可达 80% 以上,因此在热电联产、分布式发电等领域具有广阔的应用前景。

MCFC 的开发始于 20 世纪四五十年代,1996—2000 年期间在美国、日本、意大利和德国实现了百千瓦级发电系统(>250 kW)的示范运行,2000 年以后主要专注于发电系统试验和商业化运行的推广工作,2015 年 MCFC 电站的装机数量达到 100 座,装机容量超过 75.6 MW(图 4 - 4)。

目前,世界上最大的 MCFC 电站正在韩国运行,其发电功率为 59 MW,并计划于 2018 年建成 360 MW 的 MCFC 电站。MCFC 发电技术在美国、德国、意大利、日本、韩国等国家都得到了重视和发展,主要研究机构包括:美国 FuelCell

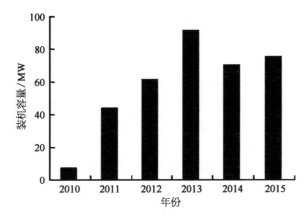

图 4-4　全球 MCFC 电站年装机容量

Energy 公司, 德国 MTU 公司、意大利 Ansaldo Energy 公司、日本 IHI, 韩国 KIST、
POSCO 等公司。近年来, MCFC 的发展速度迅猛, 而且随着系统示范和应用的
拓展, 基于 MCFC 的热电联产系统、混合发电系统以及新型的 CO_2 捕集系统层
出不穷。

1) 工作原理

　　MCFC 的结构主要包括阴极、阳极、电解质及隔膜, 其中阳极一般采用 Ni-
Al、Ni-Cr 作为催化剂, 阴极采用锂化的 $NiO(Li_xNi_{1-x}O)$ 作为催化剂, 电解质为
熔融碳酸盐(Li_2CO_3、Na_2CO_3、K_2CO_3), 隔膜采用多孔 $LiAlO_2$ 膜, 用于承载熔融
的碳酸盐。MCFC 的工作原理如图 4-5 所示。

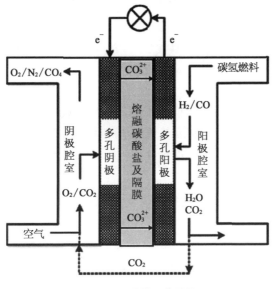

图 4-5　MCFC 工作原理

工作时,在阴极通入空气和 CO_2,发生电化学反应:

$$O_2 + 2CO_2 + 4e^- \longrightarrow 2CO_3^{2-} \tag{4-11}$$

阴极产生的碳酸根离子穿过电解质,到达阳极;在阳极 H_2 与碳酸根离子发生电化学反应:

$$H_2 + CO_3^{2-} \longrightarrow H_2O + CO_2 + 2e^- \tag{4-12}$$

阳极生成 H_2O 和 CO_2,与此同时,电子从阳极通过外电路到达阴极,并对外做电功。目前 MCFC 单电池均采用平板式结构,单电池功率密度>160 mW/cm² (工作电压 0.8 V,压力 0.1 MPa,燃料利用率 20%),最大面积为 1 m²。

由于单电池的输出功率有限,为获得更高功率,需要将多片电池进行串并联组成电池堆。根据工作压力,MCFC 电池堆可分为常压型和高压型;根据燃料重整的位置,可分为外重整电池堆、部分内重整电池堆及直接内重整电池堆。目前,单电池堆的最大输出功率为 400 kW,最高工作压力为 0.35 MPa。在以天然气为燃料的 MCFC 系统中,由于天然气重整反应是吸热反应,燃料电池反应为放热反应,采用直接内重整电池堆能够实现热量的综合利用,系统发电效率更高,因此直接内重整电池堆是目前发展的主流方向之一。

直接内部重整 MCFC 内发生的反应除了电化学反应之外,还包含了甲烷重整反应及水汽置换反应,如下:

甲烷重整反应:

$$H_2O + CH_4 \Longleftrightarrow CO + 3H_2 \tag{4-13}$$

水汽置换反应:

$$H_2O + CO \Longleftrightarrow CO_2 + H_2 \tag{4-14}$$

2) 重整催化剂

熔融碳酸盐电解质($62 Li_2CO_3/38 K_2CO_3$)在电池工作状态下,容易以气态蒸发和液态蠕爬的形式抵达内重整催化剂表面,污染催化剂,使之活性下降。目前,针对以消除碱扩散和防止重整催化剂中毒为目的的研究目前基本上可归结为三种方式。

第一种方式是研制开发抗碱重整催化剂:多以 Ni 作为活性组分、选用碱性 MgO、Al_2O_3、Cr_2O_3、SiO_2、$\gamma - LiAlO_2$、$\alpha - LiAlO_2$ 或 YSZ 作为载体的催化剂,其他金属氧化物也被添加至载体中,以提高催化剂的抗碱中毒性能,Ru 或 Rh 促进剂也被尝试加入。后期也有人对 Ni 催化剂载体进行 Al、La 和 Mg 掺杂。特别对于最为常用的 Ni/MgO 催化剂的中毒机制研究发现,以蠕爬形式从电解质迁移过来的 Li 与其发生反应,形成三元固溶相 $Li_yNi_xMg_{1-x-y}O$,覆盖催化剂表面,这样使重整反应所需 Ni 活性位数量降低,催化剂活性降低。通过向 Ni/MgO 催化剂中引入 TiO_2,会阻止 $Li_yNi_xMg_{1-x-y}O$ 三元固熔相的生成,形成 Ni/Mg_2TiO_4,可以适度降低 Li 的毒化作用。气态挥发的 KOH(CO_2 浓度高时会变回 K_2CO_3)同样会使催化剂中毒。采用钌和铑基催化剂取代镍基催化剂,催化剂活性相当稳定,可以消除碱中毒问题,但是成本太高,不适合于大量使用。

第二种方式是采用改变阳极气室结构,加入阻碱隔板为主:在阳极和重整催化剂之间加入防护网层。该保护层具有允许氢气通过,不允许碱通过的特点,有多孔板、箔毡、陶瓷和膜等形式构成。所嵌入的材料为化学惰性或者对碱无活性的 Al_2O_3、ZrO_2、MgO、B_4N、SiC、SiO_2。

第三种方式主要通过优化 DIR - MCFC 组合与操作条件,如改变阳极气室内担载催化剂所在位置、水/碳比和保持均匀的气体分布等,尽可能降低碱中毒。

4.1.4 质子交换膜燃料电池

近年来,全球能源危机和环境污染问题日趋严重,世界各国开始大力发展可再生能源。在众多可再生能源中,氢能因其能量密度高、反应产物仅为水、来源广泛等优势而受到广泛关注,特别是质子交换膜燃料电池(PEMFC)的迅速发展,极大地促进了氢能在交通运输业中的应用、示范和推广。PEMFC 在效率、功率密度、排放、低温启动性等多方面均有优秀表现,被认为具有广阔的发展前景,是下一代车用动力的发展方向之一。但是,目前质子交换膜燃料电池系统在成本、寿命方面还不尽人意,这是限制燃料电池汽车大规模产业化的最关键问题。美国能源部(DOE)于 2017 年 11 月发布的 Fuel Cell Technical Team Roadmap 中提出了 2020/2025 年商业化的车用燃料电池系统在耐久性、成本、效率、比功率、冷启动性能等方面所应达到的技术指标,如图 4 - 6 所示。目前,在功率密度、冷启动性能等方面,国内外处于领先水平的电堆都可以达到甚至超越上述标准中所提出的 2020 年目标,例如丰田 Mirai 二代燃料电池轿车的电堆功率密度达到了 5.4 kW/L(不计端板),清华大学核研院开发的 100 kW 级金属双极板电堆的功率密度也超过了 3.6 kW/L。但是,在成本和寿命方面,当前国内的技术水平距离国际先进水平和商业化技术目标还存在着一定差距。图 4 - 7 展示了截止到 2020 年底国内外 PEMFC 技术水平的差距。

为攻克目前国内 PEMFC 成本过高、寿命不够长这两大难题,需要燃料电池全产业链的共同努力和进步。在催化剂、膜电极组件层面,需要在保证性能、耐

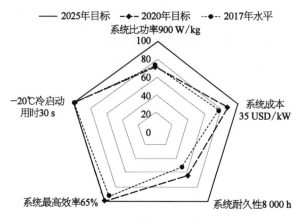

图4-6 车用燃料电池系统技术指标

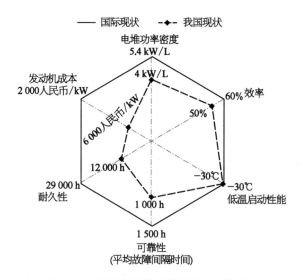

图4-7 2020年国内外PEMFC技术水平对比

久性的前提下,降低贵金属用量,以达到降低成本的目的。此外,还需要对各层间界面结构进行优化设计,降低燃料电池运行过程中的贵金属团聚、流失现象,提高膜电极组件内的物质传输效率,减少频繁启停、加减载、反极等恶劣工况对燃料电池耐久性的影响;在电堆、发动机层面,需要进一步优化关键零部件寿命、整体结构设计、运行工况控制逻辑等对耐久性影响较大的关键环节,并尽快降低超薄金属双极板、空气压缩机、氢气循环泵等关键零部件的生产成本,以实现PEMFC在经济性、耐久性两方面的协同进步,推动PEMFC产业化进程。本部分内容梳理了近年来PEMFC从催化剂到燃料电池发动机全产业链的研究进展和成果,分类并进行了简要评述,分析了现有水平与商业化目标的差距,并对未来的发展方向进行了展望。图4-8为PEMFC全产业链示意图。

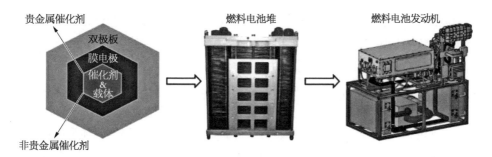

图 4-8 质子交换膜燃料电池全产业链示意图

1）工作原理

PEMFC 用聚合膜作电解质,又称为聚合物电解质燃料电池,同时与阴极、阳极和外电路组成。目前 PEMFC 在电动汽车和物料搬运领域的应用是最具潜力的。在燃料电池内部,质子从阳极穿过交换膜到达阴极,从而与外电路的电子构成回路,为外界负载供电。PEMFC 相比于其他电池工作温度较低(一般低于100℃),同时还可以根据实际工作需求灵活调整输出功率。同时燃料电池排放物是水和水蒸气,能实现零污染;能源转换效率高达60%~70%;工作过程中不会产生震动和噪声。此外,PEMFC 还具有启动速度快、比功率高、结构简单、操作方便等优势。

PEMFC 主要由阴极、阳极、电解质与外部电路组成。PEMFC 工作时,燃料(氢气)在阳极催化剂的作用下,离化成氢离子(H^+)并释放出电子(e^-),H^+穿过质子交换膜到达阴极,e^-则经过电流收集板收集,由外电路流向阴极(对外电路作功);氧化剂(氧气或空气)在阴极催化剂作用下被还原并与 H^+、外电路电子e^-结合,生成排放物仅有水一种物质。PEMFC 的电化学反应如下:

阳极反应:

$$2H_2 \longrightarrow 4H^+ + 4e^- \tag{4-15}$$

阴极反应:

$$O_2 + 4H^+ + 4e^- \longrightarrow 2H_2O \tag{4-16}$$

总反应:

$$2H_2 + O_2 \longrightarrow 2H_2O + Q \tag{4-17}$$

可以看出,在 PEMFC 工作过程中,若氢气和氧气不断地从阳极与阴极输入,电池中的电化学反应就会不停地进行下去,电子就会连续不断地从阳极输出并经外部电路形成通路电流,从而产生连续不断的电能并为用电装备提供动力。

2）催化剂

催化剂可以显著降低化学反应的活化能。在质子交换膜燃料电池中,催化剂层位于质子交换膜的两侧,促进氢、氧在电极上的氧化还原过程,提高反应速率。从燃料电池极化曲线可以看出,为提高燃料电池性能,首先要降低活化极化,而活化极化则主要与催化剂活性密切相关。

贵金属 Pt 具有优良的电化学性能,因此目前在质子交换膜燃料电池领域,最常见的商用催化剂主要为 Pt - C 催化剂和 Pt 合金催化剂两种。然而,Pt 在地球上的含量稀少,价格昂贵,催化层成本过高成为了制约 PEMFC 商业化发展的一个重要因素。根据 DOE 提出的目标,2020 年 PEMFC 的 Pt 用量期望降低至 0.125 g/kW(表 4 - 2)。目前,国际先进水平已达到 0.2 g/kW,国内技术主流水平为 0.3~0.4 g/kW。总体来看,近年来 PEMFC 的 Pt 载量已大幅下降,但离大规模商业化的要求还有差距。PEMFC 催化剂开发的长期目标是贵金属用量接近甚至低于传统内燃机汽车尾气净化装置中的贵金属用量(<0.06 g/kW),因此低 Pt、超低 Pt 或非 Pt 催化剂是未来研究的重点。

表 4 - 2　美国 DOE 设定的催化剂技术指标

特　征　参　数	2020 年目标
Pt 族金属(PGM)用量(两极总和)	0.125 g/kW
Pt 族金属(PGM)总载量(两极总和)	0.125 mg_{PGM}/cm^2(电极面积)
质量比活性损失(30 000 圈循环,0.6~1.0 V,50 mV/s)	损失<40%
电催化剂载体稳定性	损失<10%
质量比活性	0.44 A/mg_{PGM} @ 900 $mV_{IR-free}$

4.1.5　固体氧化物燃料电池

固体氧化物燃料电池(SOFC)发电不需经过从燃料化学能→热能→机械能→电能的转变过程,其能量转化效率高、操作方便、无腐蚀、燃料适用性广,可广泛地采用氢气、一氧化碳、天然气、液化气、煤气、生物质气、甲醇、乙醇、汽油和柴油等多种碳氢燃料,很容易与现有能源资源供应系统兼容。同时,SOFC 不需要贵金属催化剂,原材料资源丰富且成本低。另外,SOFC 具有环境友好排放低和噪声低等优点,是公认的高效绿色能源转换技术。SOFC 的高效率、无污染、全固态结构和对多种燃料气体广泛适应性等方面的突出优点,成为其广泛应用的基础。

SOFC 最常见的应用领域为固定式发电,包括小型家庭热电联供系统(CHP),分布式发电或数据中心备用电源,以及工业用大型固定式发电站等。

其中,CO_2 近零排放的大型煤气化燃料电池发电技术(IGFC)和可以采用氢气、甲烷、甲醇及氨等作为燃料的分布式发电技术是未来主要研究方向。IGFC 是将整体煤气化联合循环发电(IGCC)与 SOFC 或 MCFC 相结合的发电系统,可在 IGCC 的基础上进一步提高煤气化发电效率,降低 CO_2 捕集成本,同时实现 CO_2 及污染物近零排放,是煤炭发电的根本性变革技术[85]。

另外,SOFC 作为辅助或动力电源在车辆、轮船、无人机等领域也有推广应用。其中,2016 年日产汽车发布了世界上首款以 SOFC 动力系统驱动的燃料电池原型车。2020 年 Bloom Energy(BE)公司与三星重工业株式会社签署了一项联合研发协议,共同设计和开发以固体氧化物燃料电池为动力的燃料电池船,实现其对船舶清洁能源和更加可持续的海上运输业的发展愿景。

1) 工作原理

在常见的几种燃料电池中,SOFC 在理论上能量密度是最高的一种。SOFC 的电解质为固体陶瓷,单体电池由两个多孔的电极和夹在中间的紧密电解质层构成。SOFC 工作时温度非常高,最高运行温度能达到 800~1 000℃,所以其电解质具有传递 O_2^-,分隔氧化剂和燃料的作用。氧气分子在阴极发生还原反应产生 O_2^-。因在隔膜两侧存在电势差和氧浓度较差的影响下,O_2^- 会定向跃迁到阳极侧与燃料进行氧化反应。

SOFC 在工作时,阴极侧的氧气因得到电子被还原成氧离子,氧离子因分压受压差作用下通过电解质层中的氧空位输送到阳极侧,并与燃料发生氧化反应从而失去电子,其工作原理如图 4-9 所示。

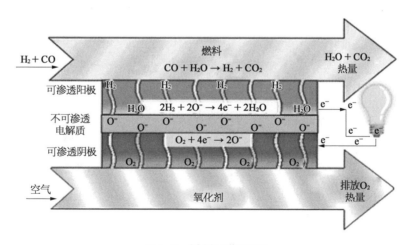

图 4-9 SOFC 工作原理图

SOFC 反应过程为

阳极反应:

$$H_2 + O^{2-} \longrightarrow H_2O + 2e^- \qquad (4-18)$$

阴极反应：

$$\frac{1}{2}O_2 + 2e^- \longrightarrow O^{2-} \qquad (4-19)$$

总反应：

$$\frac{1}{2}O_2 + H_2 \longrightarrow H_2O \qquad (4-20)$$

与以燃烧为基础的传统发电方式相比，SOFC 技术极大地降低了化石燃料在能量转换中的能量损失和对生态环境的破坏。从图 4-10 可以看出，利用 SOFC 进行能量转换没有燃烧和机械过程，极大地提高了能量转化效率，避免了 NO_X、SO_X、CO、CO_2 及粉尘等污染物的产生，而且具有安静、可靠和优质等特点。SOFC 的工作温度通常在 600~900℃ 的范围内，其副产品是高质量的热和水蒸气。在满足电力需求的同时，SOFC 还可以提供热水、取暖或与蒸汽涡轮机相联进行二次发电。在热-电联供（CHP）的情况下，能量转换效率可以高达 85%。与低温工作的质子交换膜燃料电池（PEMFC）相比，除效率高以外，SOFC 还避免了使用贵金属电极材料 Pt，消除了 CO 对电极的毒化，降低了对燃料质量的要求，从而增加了燃料选择的灵活性。与相对高温工作的熔融碳酸盐燃料电池（MCFC）相比，SOFC 具有非常高的功率密度，而且没有液态的熔盐腐蚀介质，排除了燃料电池材料的热腐蚀。

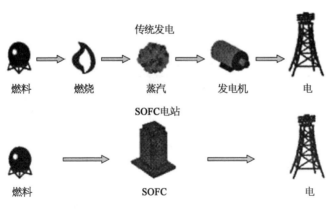

图 4-10　SOFC 与传统发电方式的比较

2）SOFC 材料

SOFC 中涉及的关键材料主要包括阴极、电解质、阳极、连接体和密封体等部件的材料。表 4-3 中所列材料则是目前最常用的选择。

表 4 - 3 常用的 SOFC 材料选择

电　解　质	YSZ、GDC、SSZ
阴极	LSM、LSCF
阳极	Ni - YSZ
连接体	掺杂的 $LaCrO_3$、铁素体不锈钢
密封体	玻璃、云母

高温 SOFC 阴极材料是钙钛矿结构(ABO_3)的 $La_xSr_{1-x}MnO_3$(LSM)陶瓷材料。除 Sr 以外,其他 A 或 B 位置的掺杂元素也有广泛的研究。在中低温情况下,这类材料表现出电化学活性不足、电阻过高、缺乏离子导电性等缺陷。目前,研究者们正在寻找其他具有更高混合导电性(电子-离子混合导体)和电化学活性的钙钛矿结构的材料以取代 LSM,如 $La_xSr_{1-x}Fe_yCo_{1-y}O_3$(LSFC),或以其他稀土元素取代 La。但是,LSCF 在高温 SOFC 制备或工作条件下可能与 YSZ(Y_2O_3 稳定的 ZrO_2)发生化学反应,生成高电阻的第二相,因此一般只能与 GDC(Gd,O,掺杂的 CeO)配合使用。为了进一步提高阴极材料的混合导电性,复合阴极(LSM 或 LSCF 与电解质 YSZ 或 GDC 复合)已经被广泛采用。

最常用的电解质材料是 YSZ。当在 900℃ 左右工作时,YSZ 具有很高的氧离子导电性。随着工作温度的降低,其离子导电性逐渐下降。在低于 700℃ 的工作温度下,很难满足 SOFC 的性能要求,只有通过改善制作工艺,将电解质层的厚度降低到微米量级,从而减小其欧姆损失。也有报道表明,细化 YSZ 的晶粒可以使得其电阻降低几个数量级。除 YSZ 以外,具有较高氧离子导电性的电解质材料也受到了极大的关注,如 SSZ(Sc_2O_3 稳定的 ZrO_2)和 GDC 等。SSZ 的氧离子导电性成倍高于 YSZ,但其成本偏高、来源不足,而且高温强度不如 YSZ。GDC 的氧离子导电性高于 YSZ,然而,在相对高的温度下,GDC 在阳极气氛中不稳定,容易产生电子导电(尤其在 600℃ 以上),降低开路电压和输出功率,而且强度也显得不够。

SOFC 的阳极材料通常是由电解质和金属组成的金属陶瓷,如 YSZ(或 GDC)- Ni(或 Cu)等,其中金属产生催化作用和电子导电,电解质传导氧离子和调节热膨胀系数,使之与电解质材料匹配。San Ping Jiang[86] 和 Atkinson[87] 等对阳极材料进行了全面的评述。阳极材料所面临的问题较少,主要是抗 S 毒化、抗结碳和抗氧化-还原等性能不能完全满足的问题。问题主要来源于金属陶瓷中的金属,如 Ni 容易被 S 毒化,容易被氧化和导致结碳。为了避免上述问题的发生,其他类型的金属陶瓷(如 YSZ - CeO - Ni)和陶瓷阳极(如 $Sr_{0.86}Y_{0.08}TiO_3$ 和

$La_{0.25}Sr_{0.75}Cr_{0.5}Mn_{0.5}O_3$等)已经受到人们的关注。

SOFC连接体的功能是连接相邻单电池的阳极和阴极,并阻隔燃料和氧化气体。当SOFC在1 000℃左右的高温工作时,连接体材料是Sr或其他元素掺杂的$LaCrO_3$。不论这种材料的性能如何,仅由于其脆性就难以加工,在低氧分压的阳极环境中容易产生变形等原因,就使得其应用极为困难,而且成本极高。随着SOFC技术的发展,工作温度降低,金属材料逐渐成为连接体材料的选择对象。连接体对金属材料的一般要求是抗氧化性、导电性、高温机械强度、热膨胀系数匹配及与相接触材料之间的化学相容性等等。含Cr的铁素体不锈钢和高温合金是最有希望的材料。为了满足连接体功能的要求,金属连接体在4万小时工作时间内的面比电阻(ASR)应低于$0.1\ \Omega/cm^2$,其抗氧化性、氧化物的导电性、氧化物与基体的结合强度、Cr化物挥发对阴极的毒化等多方面性能还有待于进一步提高。

在平板式SOFC电堆中,密封材料置于单电池和连接体之间,将燃料和氧化气体限制在各自的空间里。一般说来,密封性能应该达到使燃料的漏气率在10.2 kPa的通气压力下低于$0.001\ sccm\cdot cm^{-1}$;在10次以上热循环后,漏气率仍维持在$0.001\ sccm\cdot cm^{-1}$的水平。最常用的密封材料有云母和玻璃(或玻璃陶瓷)。云母密封材料的缺点是:压缩性不足以很好地调节单电池和连接体表面平整度或尺寸的差异;成分复杂,在高温下有可能释放出对电极有害的元素或化合物。玻璃材料的脆性、在长时间高温工作条件下微观组织和成分的不稳定性以及热循环性都是在设计玻璃密封时需要有所考虑的。除玻璃和云母材料以外,可压缩陶瓷密封材料逐渐引起人们的关注和重视。这类材料在满足密封性要求的同时,克服了玻璃和云母材料的固有缺陷。

3)我国固体氧化物燃料电池产业发展路径[88]

(1)发展思路。

"十四五"以来,国家密集出台了多项针对氢能的政策,特别是2022年3月23日,发改委、能源局联合印发《氢能产业发展中长期规划(2021—2035年)》,提出稳步推进氢能多元化示范应用。燃料电池汽车辆只是氢能应用的突破口,长远发展应逐步拓展在储能、分布式发电、工业等领域的应用。固体氧化物燃料电池应用前景广泛,既能实现煤炭、天然气等化石能源的高效低碳利用,还能实现氢能的绿色高效利用。因此,以固体氧化物燃料电池为代表的燃料电池技术是未来能源转型的重要技术支撑,也是新兴产业发展的重要方向。

从保障我国能源安全和发展战略性新兴产业的国家战略需求出发,发展固体氧化物燃料电池技术及产业有利于优化能源结构、带动产业转型升级、推动能源生产与消费革命、壮大绿色低碳产业体系、培育出新的经济增长点。因而,我国未来相当长一段时间需要持续加强固体氧化物燃料电池基础与应用技术研究,掌握固体氧化物燃料电池理论、材料创新体系;重视固体氧化物燃料电池相关的工程、工艺与装备开发,推进固体氧化物燃料电池产业的形成,健全与完善固体氧化物燃料电池产业链;逐步扩大固体氧化物燃料电池系统示范规模,提升固体氧化物燃料电池技术水平;完善固体氧化物燃料电池法规标准建设,加强顶层规划与设计,发挥政策对固体氧化物燃料电池产业的引导作用,最终建立低成本的固体氧化物燃料电池材料、部件、系统的制备与生产产业链,实现固体氧化物燃料电池在无补贴的情况下商业化运行。

随着我国能源形势日益严峻及环保压力持续加大,对降低 CO_2 排放、实现煤炭资源清洁高效利用的需求越来越迫切,煤炭清洁高效利用技术创新是我国《能源技术革命创新行动计划(2016—2030 年)》的重要内容。在整体煤气化联合循环发电的基础上发展的煤气化燃料电池发电技术,可实现煤基发电由单纯热力循环发电向电化学和热力循环复合发电的技术跨越,大幅提高煤电效率,在高效发电的同时实现污染物近零排放和负荷快速响应,被视作未来最有发展前景的近零排放煤气化发电技术。国家《"十三五"国家科技创新规划》和《能源技术革命创新行动计划(2016—2030 年)》等都将 IGCC/IGFC 列为重要内容和发展目标。2017 年,我国启动了面向 2030 年重大科技项目,其中明确要求完成基于 IGFC 发电关键技术研发和工程示范。

因此,为满足当前能源需求和环境保护,一方面需要加快开发基于固体氧化物燃料电池的化石能源的洁净、高效利用技术,另一方面也需要突破基于固体氧化物燃料电池的储能调峰技术,促进能源结构向可再生能源过渡,推动能源技术革命。

(2)重点任务。

我国固体氧化物燃料电池需要突破的关键性技术主要包括以下方面。

① 开发低成本高性能单电池批量化制备技术。

加强低成本、高性能关键元件产业化技术研发和批量生产,重点解决产品一致性、稳定性和长寿命等;掌握薄膜电解质低温致密化及高活性纳米电极原位构建技术,提高阴极活性及阳极抗氧化及颗粒粗化能力,研究服役工况下材料结构演变和界面互扩散过程,研究电池耐久性加速实验方法,实现工业尺寸单电池的低成本批量稳定生产。高性能单电池的一致性对于电堆的集成至关重要,需要设备的可靠性及工艺的标准化。另外单电池的成品率迫切需要提高,从而降低生产成本。

② 突破高一致性可靠性电堆设计、集成及产业化技术。

对于高温运行的电堆单元工程化集成技术及批量化装配技术,重点解决一致性和稳定性;在电堆集成过程中,燃料供应(布气技术)、单元电池取电、封接材料选择及结构设计技术均非常关键,需要设计具有自主知识产权的高可靠电堆结构,开发新型可循环及可修复的复合封接材料和封接方法,开发低成本不锈钢材料,优化抗氧化涂层制备技术,掌握电堆标准化组装技术,为高性能稳定运行奠定基础。

③ 掌握高效系统集成、控制管理及示范技术。

虽然小电堆开发相对容易,但采用小电堆集成难度大,系统结构复杂、热管理难度大。采用大功率的电堆,虽然开发困难,但系统相对简单,传热宽容度好。需要解决多电堆管理集成模组工程化技术,多堆之间串、并联管理,电堆内热和尾气余热利用和平衡管理技术;需要重点突破系统(高效率、低成本、长寿命)集成控制技术、长期性能评价及衰减快速评测技术等。实现配套气化炉设备平衡(BOP)部件标准化研发及批量制造,突破直接使用多种复杂碳基燃料的固体氧化物燃料电池热电联供系统集成技术,掌握电力控制及并网技术,最终通过产、学、研、资结合,共同发展固体氧化物燃料电池技术。

④ 拓展固体氧化物燃料电池产业化应用场景。

海上航运业面临越来越严苛的船舶排放控制。国际海事组织(IMO)提出,到 2050 年全球海运业温室气体年排放量要比 2008 年减少 50%,以推动海运业逐步朝零碳目标迈进。为实现零碳目标,可再生能源在船舶交通方面的利用将变得越来越重要。由于锂电池等新技术的体积功率密度难以达到大型船舶长航时的要求,提高发电系统体积功率密度是大力推广新能源船舶领域应用的主要发展方向。可以使用高体积能量密度燃料,并且更高效发电的固体氧化物燃料电池技术会在船舶动力方面得到大力施展的空间,同时,由于没有对固体氧化物燃料电池启动时间进行约束,该技术在交通领域最具竞争力。因此,国家需要在船舶领域对固体氧化物燃料电池技术进行引导,实现固体氧化物燃料电池电力系统在船舶上应用。

4.2　氢燃料电池关键技术

氢燃料电池与常见的锂电池不同,系统更为复杂,主要由电堆和系统部件(空压机、增湿器、氢循环泵、氢瓶)组成。电堆是整个电池系统的核心,包括由膜电极、双极板构成的各电池单元及集流板、端板、密封圈等。膜电极的关键材料是质子交换膜、催化剂、气体扩散层,这些部件及材料的耐久性(与其他性能)决定了电堆的使用寿命和工况适应性。近年来,氢燃料电池技术研究集中在电堆、双极板、控制技术等方面,其技术体系及部分相关前沿研究如图 4 - 11 所示[89]。

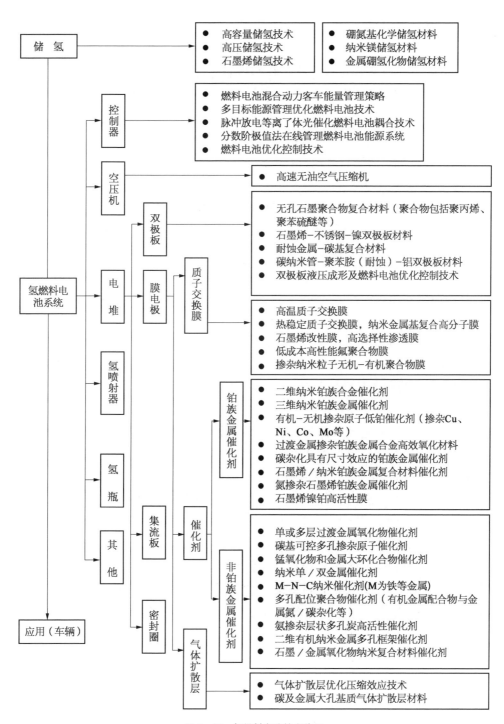

图 4-11　氢燃料电池技术体系

4.2.1 膜电极组件

膜电极（MEA）是氢燃料电池系统的核心组件，通常由阴极扩散层、阴极催化剂层、电解质膜、阳极催化剂层和阳极气扩散层组成，直接决定了氢燃料电池的功率密度、耐久性和使用寿命。根据 MEA 内电解质的不同，常用的氢燃料电池分为碱性燃料电池（AFC）、熔融碳酸盐燃料电池（MCFC）、磷酸燃料电池（PAFC）、固体氧化物燃料电池（SOFC）。

1）质子交换膜（PEM）

全氟磺酸膜是常用的商业化 PEM，属于固体聚合物电解质；利用碳氟主链的疏水性和侧链磺酸端基的亲水性，实现 PEM 在润湿状态下的微相分离，具有质子传导率高、耐强酸强碱等优异特性。代表性产品有美国杜邦公司的 Nafion 系列膜、科慕化学有限公司的 NC700 膜、陶氏集团的 Dow 膜、3M 公司的 PAIF 膜，日本旭化成株式会社的 Aciplex 膜、旭硝子株式会社的 Flemion 膜，加拿大巴拉德动力系统公司的 BAM 膜，这些膜的差异在于全氟烷基醚侧链的长短、磺酸基的含量有所不同。我国武汉理工新能源有限公司、新源动力有限公司、上海神力科技有限公司、东岳集团公司已具备全氟磺酸 PEM 产业化的能力。

轻薄化薄膜制备是降低 PEM 欧姆极化的主要技术路线，膜的厚度已经从数十微米降低到数微米，但同时也带来膜的机械损伤、化学降解问题。当前的解决思路，一是采用氟化物来部分或全部代替全氟磺酸树脂，与无机或其他非氟化物进行共混（如加拿巴拉德动力系统公司的 BAM3G 膜，具有非常低的磺酸基含量，工作效率高、化学稳定性和机械强度较好，价格明显低于全氟类型膜）；二是采用工艺改性全氟磺酸树脂均质膜，以多孔薄膜或纤维为增强骨架，浸渍全氟磺酸树脂得到高强度、耐高温的复合膜（如美国科慕化学有限公司的 NafionXL‑100、戈尔公司的 Gore‑select 膜、中国科学院大连化学物理研究所的 Nafion/PTFE 复合膜与碳纳米管复合增强膜等。值得一提的是，戈尔公司掌握了 5.0 μm 超薄质子交换膜的制备技术，2019 年投产世界首条氢燃料电池汽车用 PEM 专用生产线，在日本丰田汽车公司的 Mirai 汽车上获得使用。此外为了耐高温、抗无水并具有较高的高质子传导率，高温 PEM、高选择性 PEM、石墨烯改性膜、热稳定 PEM、碱性阴离子交换膜、自增湿功能复合膜等成为近年来的研究热点。

2）电催化剂

在氢燃料电池的电堆中，电极上氢的氧化反应和氧的还原反应过程主要受催化剂控制。催化剂是影响氢燃料电池活化极化的主要因素，被视为氢燃料电池的关键材料，决定着氢燃料电池汽车的整车性能和使用经济性。催化剂选用需要考虑工作条件下的耐高温和抗腐蚀问题,常用的是担载型催化剂 Pt/C(Pt 纳米颗粒分散到碳粉载体上),但是 Pt/C 随着使用时间的延长存在 Pt 颗粒溶解、迁移、团聚现象,活性比表面积降低,难以满足碳载体的负载强度要求。Pt 是贵金属,从商业化的角度看不宜继续作为常用催化剂成分,为了提高性能、减少用量,一般采取小粒径的 Pt 纳米化分散制备技术。然而,纳米 Pt 颗粒表面自由能高,碳载体与 Pt 纳米粒子之间是弱的物理相互作用;小粒径 Pt 颗粒会摆脱载体的束缚,迁移到较大的颗粒上被兼并而消失,大颗粒得以生存并继续增长;小粒径 Pt 颗粒更易发生氧化反应,以 Pt 离子的形式扩散到大粒径 Pt 颗粒表面而沉积,进而导致团聚。为此,有关专家研制出了 Pt 与过渡金属合金催化剂、Pt 核壳催化剂、Pt 单原子层催化剂,这些催化剂最显著的变化是利用了 Pt 纳米颗粒在几何空间分布上的调整来减少 Pt 用量、提高 Pt 利用率,提高了质量比活性、面积比活性,增强了抗 Pt 溶解能力。通过碳载体掺杂 N、O、B 等杂质原子,增强 Pt 颗粒与多种过渡金属(如 Co、Ni、Mn、Fe、Cu 等)的表面附着力,在提升耐久性的同时也利于增强含 Pt 催化剂的抗迁移及团聚能力。

为了进一步减少 Pt 用量,无 Pt 的单/多层过渡金属氧化物催化剂、纳米单/双金属催化剂、碳基可控掺杂原子催化剂、M-N-C 纳米催化剂、石墨烯负载多相催化剂、纳米金属多孔框架催化剂等成为领域研究热点;但这些新型催化剂在氢燃料电池实际工况下的综合性能,如稳定性、耐腐蚀性、氧还原反应催化活性、质量比活性、面积比活性等,还需要继续验证。美国 3M 公司基于超薄层薄膜催化技术研制的 Pt/Ir(Ta)催化剂,已实现在阴极、阳极平均低至 0.09 mg/cm^2 的 Pt 用量,催化功率密度达到 9.4 kW/g(150 kPa 反应气压)、11.6 kW/g(250 kPa 反应气压)。德国大众汽车集团牵头研制的 PtCo/高表面积碳(HSC)也取得重要进展,催化功率密度、散热能力均超过了美国能源部制定的规划目标值(2016—2020 年)。后续,减少 Pt 基催化剂用量、提高功率密度(催化活性)及基于此目标的 MEA 优化制备,仍是降低氢燃料电池系统商用成本的重要途径。

3)气体扩散层

在氢燃料电池的电堆中,空气与氢气通入到 SOFC、PEMFC 等。各类型燃料电池具有相应的燃料种类、质量比功率和面积比功率性能,其中质子交换膜燃料电池以启动时间短(~1 min)、操作温度低(<100℃)、结构紧凑、功率密度高等成为研究热点和氢燃料电池汽车迈入商业化进程的首选。MEA 装配工艺有热压法(PTFE 法)、梯度法、CCM 和有序化方法等。热压法是第一代技术;目前广泛使用的是第二代的 CCM 方法,包括转印、喷涂、电化学沉积、干粉喷射等,具有高铂利用率和耐久性的优点;有序化方法可使 MEA 具有最大反应活性面积及孔隙连通性,以此实现更高的催化剂利用率,阳极上的催化剂层还需要穿

越气体扩散层（GDL）。GDL由微孔层、支撑层组成，起到电流传导、散热、水管理、反应物供给的作用，因此需要良好的导电性、高化学稳定性、热稳定性，还应有合适的孔结构、柔韧性、表面平整性、高机械强度；这些性能对催化剂层的电催化活性、电堆能量转换至关重要，是GDL结构和材料性能的体现。微孔层通常由碳黑、憎水剂构成，厚度为$10 \sim 100 \mu m$，用于改善基底孔隙结构，降低基底与催化层之间的接触电阻，引导反应气体快速通过扩散层并均匀分布到催化剂层表面，排走反应生成的水以防止"水淹"发生。因编织碳布、无纺布碳纸具有很高的孔隙率、足够的导电性，在酸性环境中也有良好的稳定性，故支撑层材料主要是多孔的碳纤维纸、碳纤维织布、碳纤维无纺布、碳黑纸。碳纤维纸的平均孔径约为$10.0 \mu m$，孔隙率为$0.7 \sim 0.8$[90]，制造工艺成熟、性能稳定、成本相对较低，是支撑层材料的首选；在应用前需进行疏水处理，确保GDL具有适当的水传输特性，通常是将其浸入到疏水剂（如PTFE）的水分散溶液中，当内部结构被完全浸透后转移至高温环境中进行干燥处理，从而形成耐用的疏水涂层。为进一步提高碳纤维纸的导电性，可能还会进行额外的碳化、石墨化过程。

GDL技术状态成熟，但面临的挑战有大电流密度下水气通畅传质的技术问题和大批量生产问题，生产成本依然居高不下；商业稳定供应的企业主要有加拿大巴拉德动力系统公司、德国SGL集团、日本东丽株式会社和美国E-TEK公司。日本东丽株式会社早在1971年就开始进行碳纤维产品生产，是全球碳纤维产品的最大供应商，其他公司主要以该公司的碳产品为基础材料。

4.2.2 双极板

氢燃料电池中的双极板（BPs）又称流场板，起到分隔反应气体、除热、排出化学反应产物（水）的作用；需满足电导率高、导热性和气体致密性好、机械和耐腐蚀性能优良等要求。基于当前生产能力，BPs占整个氢燃料电池电堆近60%的质量、超过10%的成本。根据基体材料种类的不同，BPs可分为石墨BPs、金属BPs、复合材料BPs。石墨BPs具有优异的导电性和抗腐蚀能力，技术最为成熟，是BPs商业应用最为广泛的碳质材料，但机械强度差、厚度难以缩小，在紧凑型、抗冲击场景下的应用较为困难。因此，更具性能和成本优势的金属BPs成了发展热点，如主流的金属BPs厚度不大于0.2 mm，体积和质量明显减少，电堆功率密度显著增加，兼具延展性良好、导电和导热特性优、断裂韧性高等特点；当前，主流的氢燃料电池汽车公司（如本田、丰田、通用等品牌）都采用了金属BPs产品。

也要注意到，金属BPs耐腐蚀性较差，在酸性环境中金属易溶解，浸出的离子可能会毒化膜电极组件；随着金属离子溶解度的增加，欧姆电阻增加，氢燃料电池输出功率降低。为解决耐腐蚀问题，一方面可在金属 BPs 表面涂覆耐腐蚀的涂层材料，如贵金属、金属化合物、碳类膜（类金刚石、石墨、聚苯胺）等；另一方面是研制复合材料 BPs。复合材料 BPs 由耐腐蚀的热固性树脂、热塑性树脂聚合物材料、导电填料组成，导电填料颗粒可细分为金属基复合材料、碳基复合材料（如石墨、碳纤维、炭黑、碳纳米管等）。新型聚合物/碳复合材料 BPs 成本低、耐腐蚀性好、质量轻，是金属 BPs、纯石墨 BPs 的替代品。为了降低 BPs 的生产成本以满足实际需求，液压成形、压印、蚀刻、高速绝热、模制、机械加工等制造方法得以发展和应用。BPs 供应商主要有美国 Graftech 国际有限公司、步高石墨有限公司、日本藤仓工业株式会社、德国 Dana 公司、瑞典 Cellimpact 公司、英国 Bac2 公司、加拿大巴拉德动力系统公司等。

4.2.3　氢燃料电池系统部件

为了维持电堆的正常工作，氢燃料电池系统还需要氢气供应系统、水管理系统、空气系统等外部辅助子系统的协同配合，对应的系统部件有氢循环泵、氢瓶、增湿器、空气压缩机。燃料电池在工作状态下会产生大量的水，过低的水含量会产生"干膜"现象，阻碍质子传输；过高的水含量会产生"水淹"现象，阻碍多孔介质中气体的扩散，导致电堆输出电压偏低。从阴极侧穿透到阳极的杂质气体（N_2）不断积累，阻碍氢气与催化剂层的接触，造成局部"氢气饥饿"而引起化学腐蚀。因此，水的平衡对 PEM 氢燃料电池的电堆寿命具有重要意义，解决途径是在电堆中引入氢气循环设备（循环泵、喷射器）来实现气体吹扫、氢气重复利用、加湿氢气等功能。

氢气循环泵可根据工况条件实时控制氢气流量，提高氢气利用效率，但在涉氢、涉水的环境下易发生"氢脆"现象，在低温下的结冰现象可能导致系统无法正常工作；因此，氢循环泵需要具有耐水性强、输出压强稳定、无油的性能，制备难度较大，制造成本昂贵。为此发展出了单引射器、双引射器方案，前者在高/低负载、系统启停、系统变载等工况下不易保持工作流的稳定性，后者能适应不同工况但结构复杂、控制难度大。还有一些引射器与氢循环泵并联、引射器加旁通氢循环泵方案，也有着鲜明的优缺点。2010 年，美国技术咨询公司提出了一种氢循环系统设计方案，利用回流的尾气对注入氢气加湿（无须阳极增湿器），这代表了未来氢循环设备的发展方向。氢燃料电池系统中的空气压缩机，可提供与电堆功率密度相匹配的氧化剂（空气），压比高、体积小、噪声低、功率大、无油、结构紧凑，常见的车载燃料电池空压机有离心式、螺杆式、涡旋式等类型。目前使用较多的是螺杆式空气压缩机，但离心式空气压缩机因密闭性好、结构紧凑、振动小、能量转换效率高等特点，较具应用前景。在空气压缩机的关键部件中,轴承、电机是瓶颈技术,低成本、耐摩擦的涂层材料也是开发重点。美国通用电气公司、联合技术公司、普拉格能源公司、德国 Xcellsis 公司、加拿大巴拉德动力系统公司、日本丰田汽车公司等都拥有商业化的空气压缩机产品系列。

4.2.4　系统控制策略

氢燃料电池系统的寿命或耐久性,与系统控制策略密切相关。氢燃料电池汽车在启动时需要实时开启动力电源以获得足够的压力和反应气体;而在怠速或停止运转时,为了吹扫电堆内未反应完全的气体和产生的水,也需要开启动力电源,规避"水淹""氢脆"、化学腐蚀等情况的出现。因此,在氢燃料电池汽车的启动/停止、怠速、高/低负载等随机性变化的工况条件下,应基于现有系统构造和燃料电池衰减机理,优化控制策略来确保负载正常工作,进而维持氢燃料电池系统燃料(氢气、空气)供应流的均匀性、稳定性、热能与水平衡。近年来,在氢燃料电池系统(如 PEMFC)控制方面发展或应用了诸如模糊逻辑控制、神经网络控制、模糊逻辑-比例积分微分控制(FLC - PID)等方法,操作简单、低成本、不增加计算负担,是优化控制策略的前瞻方向。

以 SOFC 控制研究为例,2016 年 D. Xu 设计了一种基于 RBF 神经网络的自适应约束 PID 控制方法,用来识别 SOFC 的动态模型并用其仿真结果证明了改控制方法的有效性。

近几年来国内外学者为解决 SOFC 非线性耦合导致的控制困难问题,提出了一种基于在线更新维纳型神经网络的自适应跟踪约束控制器,根据 SOFC 的电特性建立了非线性动力学模型,并设计了自适应 PID 控制器来控制输出电压,经过仿真验证发现 SOFC 的输出电压得到了有效控制;同年,利用 BP 神经网络构建了 SOFC 系统模型,在此基础上加入 PID 控制,达到了增强抗干扰和提高模型预测精度的目的;采用最小二乘法辨识 SOFC 的线性模型,并设计了模糊自适应 PID 控制器对其进行控制,与传统 PID 控制器相比较,模糊自适应 PID 控制器可减少饱和时间和超调量。

有关专家学者采用模糊变结构 PID 神经网络对 SOFC 的模型进行模拟,进一步应用模糊 PID 对该模型输出进行控制,从而得到电池输出电压的最优值,达到稳态控制的目标,该方法的稳态控制误差约为 0.06。优化了燃料(氢)和空气(氧)的流量,用模糊逻辑方法设计了 SOFC 输出电压的控制模型,使输出电压平均值接近设定点。在建立的 SOFC 空气流量控制模型的基础上,引入了史密斯预估补偿的控制方法,经过仿真分析得到此方法控制效果良好,无超调和震荡现象发生。专家们对 SOFC 堆在不同炉温下进行实验,并采用 BP 神经网络、支持向量机和随机森林算法对 SOFC 性能进行预测,结果表明三种算法的拟合误差均在 5% 以内。提出杜鹃搜索灰狼优化(CSGWO)算法对 SOFC 变量进行识别,并与布谷鸟搜索(CS)算法与灰狼优化(GWO)算法进行比较,结果表明该算法的 MSE 值最小,验证了该算法的精度、鲁棒性和收敛速度优于不同优化算法。

4.3　我国氢燃料电池技术发展方向

4.3.1　关键材料及组件

近年来,我国的氢燃料电池技术基础研究较为活跃,在一些技术方向具备了与发达国家"比肩"的条件;但整体来看,所掌握的核心技术水平、综合技术体系尚不及具有领先地位的国家,如我国在 1998 年才出现首个氢燃料电池发明专利,目前相关核心专利数仅占世界的 1% 左右。先发国家在氢燃料电池系统、组件、控制技术、电极等方面发展相对均衡,一些国际性企业在燃料电池系统、电池组件与加工、控制技术等方面居于世界领先地位(图 4 - 12、图 4 - 13)。

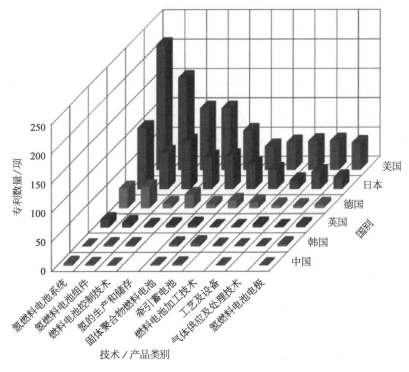

图 4 - 12　主要国家在氢燃料电池方面的研发重心分布

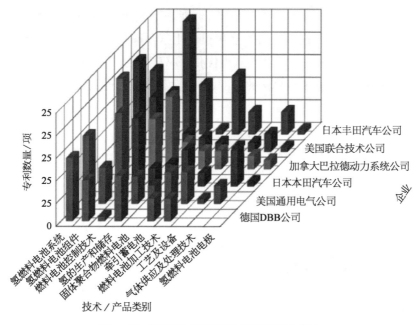

图 4-13　氢燃料电池代表性企业的研发重心布局

　　在储氢方面,高压气态储氢技术在国内外获得普遍使用,低温液态储氢在国外有较大发展,而国内暂限于民用航空领域的小范围使用。液氨、甲醇、氢化物、液体有机氢载体(LOHC)储氢在国外已有成熟产品和项目应用,而国内仍处于小规模实验阶段。催化剂、气体扩散层(GDL)等关键零部件或材料处在研究与小规模生产阶段,批量化产品的可靠性、耐久性还需要长期验证,主要技术为国外公司所掌握。中山大洋电机股份有限公司、思科涡旋科技(杭州)有限公司、上海汉钟精机股份有限公司等国内企业,均处于氢气循环泵的产品研发验证阶段,部分公司已实现小批量产品供货。碳纸、碳布是制备 GDL 的关键材料,基础材料是碳纤维;我国碳纤维研制从 20 世纪 80 年代中期才开始,目前尚处于小规模生产阶段,生产的碳纤维很难同时满足电堆对于低电阻、高渗透性、机械强度大等的要求,与国外高性能碳纤维材料相比仍有较大差距。上海河森电气公司、上海济平新能源科技公司均有小批量的碳纸生产能力。我国已将碳纤维列为重点支持的战略性新兴产业,相关技术在产业政策扶持下有望加速发展。

　　在产业发展方面,珠江三角洲、长江三角洲、京津冀地区涌现出了数百家氢燃料电池公司;氢燃料电池商用车(客车、叉车)已实现批量生产,燃料电池乘用车尚处在应用示范阶段。国产乘用车、商用车的电堆功率与国外产品大致相当,但系统可靠性、耐久性、比功率、综合寿命方面还需工况验证。国内一些企业掌握了氢燃料电池系统研发技术,相关产品的冷启动、功率密度等性能显著提升,具有年产万台的批量化生产能力。然而与国际先进水平相比,国产电池系统核心零部件及系统的耐久性与可靠性仍存在一定差距。

4.3.2　重点发展方向

1) 关键材料与核心组件的性能及产能提升

膜电极、双极板、氢气循环泵、空气压缩机、气体扩散层等核心组件,质子交换膜、催化剂等关键材料,均已实现小规模自主生产,为未来大规模商业化生产储备了技术基础条件。氢燃料电池系统的国产化程度已从 2017 年的 30% 提高到 2020 年的 60%。预计到 2025 年,金属双极板可完全国产化,低功耗、高速、无油的空气压缩机进入小规模自主生产阶段;机械强度高、孔隙率均匀、抗碳腐蚀的碳纤维制备技术有望取得突破,大电流密度条件下的气体扩散层水气通畅传质问题有望得到解决。

在技术应用方面,从现阶段重点发展氢燃料电池客车、卡车等商用车,逐步推广到乘用车、有轨电车、船舶、工业建筑、分布式发电等领域。随着关键材料的物理性能改进,各组件热学、力学、电化学稳定性提高,氢燃料电池系统的稳定性、综合寿命将有明显改善。预计到 2035 年,燃料电池系统功率密度将由当前约 3.1 kW/L 全面提升到约 4.5 kW/L,乘用车、商用车电堆寿命将由当前的 5 000 h、15 000 h 分别增加到 6 000 h、20 000 h。

2) 生产成本的显著下降

氢燃料电池系统的成本必然随着技术进步、生产规模的扩大而下降,预计未来 10 年生产成本将降低至目前的 50%。燃料电池系统各部件的成本构成,若按照年产量为 5×10^5 套、净功率为 80 kW/套计算,可建立分析模型:膜电极成本占比为 27%,双极板成本占比为 12.4%,空气循环子系统(含空气压缩机、质量监控传感器、温度传感器、过滤器等)成本占比为 25.8%,冷却回路(含高低温回路、空气预冷器、电子组件等)成本占 11.2%,其他成本占 23.6%。双极板和催化剂分别占整个电池电堆成本的 28% 和 41%,而气体扩散层、电解质膜、膜电极骨架三者成本大体相当,约占电堆成本的 6%~8%;各部件在系统成本中的占有比例随着生产规模和各自的技术水平而变化。该分析结果虽具有模型依赖性并建立在丰田 Mirai 车型数据及一些前提假设基础上,但揭示了未来提高氢燃料电池电堆功率密度、降低氢燃料电池系统制造成本的途径。应重点发展低成本、低 Pt 或无 Pt 的电催化剂,低成本、轻薄型、高性能复合材料双极板,尽快发布产业政策和技术规范,在条件成熟区域扩大燃料电池系统生产规模。

美国能源部计划在 2025 年实现氢燃料电池系统(功率为 80 kW)成本目标

40 美元/kW,为远期的 30 美元/kW 目标奠定基础,进而达到与内燃机汽车的生产成本可比性。按照我国现有的技术储备条件,根据中国氢能联盟《中国氢能源及燃料电池产业白皮书》(2019 年、2020 年)预测,2035 年我国氢燃料电池系统的生产成本将降至当前的 1/5(约 800 元/kW);到 2050 年降低至 300 元/kW[91];届时燃料电池汽车拥有量将超过 3×10^7 辆,加氢站数量达到 1×10^4 座,氢能消耗占终端总能源消耗的 10%。虽然不排除因我国研究机构与企业之间的深度合作而带来技术快速提升,到 2035 年氢燃料电池汽车成本将具有与内燃机汽车同等的竞争力并基本接近国外先进水平,但就目前的技术状态而言,需着力提升氢燃料电池电堆材料制备和部件制造技术,大幅度降低相关系统的生产成本。

5. 氢燃料电池技术应用

2017 年，据 Fuel Cell Industry Review 统计，全球燃料电池市场出货情况较为可观。表 5－1、表 5－2、表 5－3 分别从不同角度列出全球燃料电池出货情况[92]。

表5－1　全球燃料电池市场出货量(按应用领域)　　　　单位：千件

年　份	2012	2013	2014	2015	2016	2017
便携式	18.9	13.0	21.2	8.7	4.2	4.9
固定式	24.1	51.8	39.5	47.0	51.8	55.7
交通运输	2.7	2.0	2.9	5.2	7.2	12.0
合计	45.7	66.8	63.6	60.9	63.2	72.6

表5－2　全球燃料电池市场出货量(按类型)　　　　单位：千件

年　份	2012	2013	2014	2015	2016	2017
PEMFC	40.4	58.7	58.4	53.5	44.5	45.4
DMFC	3.0	2.6	2.5	2.1	2.3	2.8
PAFC	0	0	0	0.1	0.1	0.2
SOFC	2.3	5.5	2.7	5.2	16.2	24
MCFC	0	0	0.1	0	0	0
AFC	0	0	0	0	0.1	0.1
合计	45.7	66.8	63.6	60.9	63.2	72.6

表 5-3   全球燃料电池市场出货量(按区域)   单位:千件

年 份	2012	2013	2014	2015	2016	2017
亚洲	28.0	51.1	39.3	44.6	50.6	56.8
北美洲	6.8	8.7	16.9	6.9	7.7	9.9
欧洲	9.7	6.0	5.6	8.4	4.4	5.1
其他	1.2	1.0	1.8	1.0	0.5	0.8
合计	45.7	66.8	63.6	60.9	63.2	72.6

美国能源局在 2014 年的预测中表明,燃料电池市场规模将在 2014 年现有规模的基础上以每年 10% 的增长率发展,到 2017 年将达到 110 亿美元的水平,而到 2022 年将是 2017 年规模的两倍。与此同时,到 2017 年,市场对燃料电池产品和服务的商业需求将达到 40 亿美元,到 2022 年,则可能达到 60 亿美元。

美国能源部预测,日本的氢能源市场规模在 2030 年将达约 1 万亿日元,在 2050 年达约 8 万亿日元。日经 BP 杂志社清洁技术研究所预测,世界氢能市场规模在 2020 年将超过 10 万亿日元,在 2050 年将达 160 万亿日元,如图 5-1 所示。

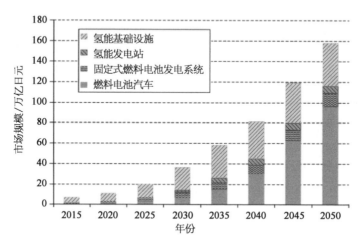

图 5-1   世界氢能市场规模预测

在分布式发电领域,日本政府目标是使家用燃料电池系统在 2020 年达到 140 万台,在 2030 年达到 530 万台,约占 10% 的家庭。日经 BP 杂志社预测到 2020 年时系统投资可在七八年内回收,到 2030 年时投资可在 5 年内回收。对于家用燃料电池系统,目前日本市场的发展领先于全球,但欧洲也有望建立家用燃料电池市场。预测到 2025 年,家用燃料电池市场约为 11 000 亿日元,如图 5-2 所示。

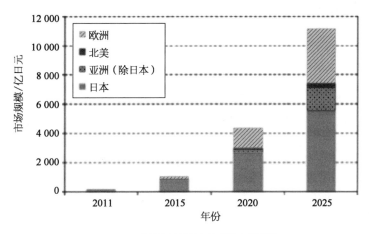

图 5-2　世界家用燃料电池系统市场预测

对于商业和工业用燃料电池的市场开拓,北美地区最为发达,其次是韩国,他们将燃料电池发电作为国家政策。2025 年,日本商业和工业用燃料电池的市场规模估算值为 226 亿日元,其他国家市场估算值为 7 000 亿日元,如图 5-3 所示。

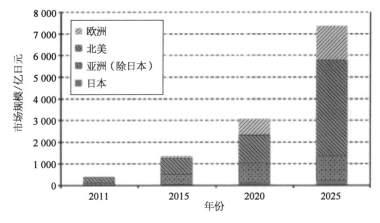

图 5-3　商业和工业用燃料电池市场预测

可以看到,对于燃料电池而言,分布式电站是目前为止应用最广泛的商业领域。2007 年到现在,燃料电池在兆瓦级应用和小型住宅微型热电联供方面表现强劲。由于燃料电池在克服成本竞争和提高发电效率等方面与传统发电方法相比门槛更低,可以预计发电用燃料电池的销量将在 2025 年前持续保持增长态势。

5.1　汽车氢燃料电池应用

5.1.1　氢燃料电池汽车现状

1）燃料电池汽车系统分析

与传统燃油（燃气）汽车及纯电动汽车工作原理不同，燃料电池汽车通常是利用 PEMFC 技术提供电能驱动整车系统运行的一种新能源汽车。燃料电池汽车主要由燃料电池发动机系统、电机系统、辅助电源系统、车载储氢系统、整车控制系统（VCU）等部件构成，整车系统组成如图 5 - 4 所示[93]。燃料电池汽车工作过程是由燃料电池发动机系统经过电化学反应输出低压电流，之后通过DC/DC 逆变器增压并与辅助电源系统耦合，共同驱动电机系统以及整车运行，行驶过程中可通过控制系统（VCU）输出指令，从而调节导入燃料电池发动机系统内参与电化学反应的氢气与空气流量，实现对燃料电池输出电流的相应控制，最终实现燃料电池汽车速度、扭矩的精准调控。

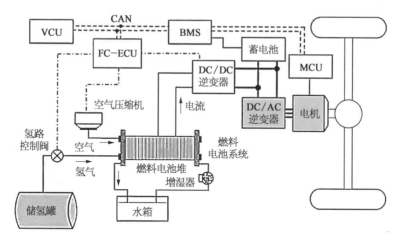

图 5 - 4　燃料电池汽车系统组成示意图

针对传统燃油（燃气）汽车与纯电动汽车整车性能及关键部件开展对标分析，燃料电池汽车具有明显优势：能量转化效率高、零碳排放、低温性能稳定、响应速度快、比能量高、续航里程长、加氢高效便捷、安全性能好、可适应大吨位重载工况、工作运行效率高、运行过程无污染且无噪声等；同时，制约其规模化应用的瓶颈也较为突出：首先，燃料电池发动机等关键部件成本高，导致燃料电池汽车售价为燃油车的 2~3 倍、锂离子电池车的 1.5~2 倍；其次，加氢站配套设施建设费用高,导致燃料电池汽车加氢站点局限、汽车运行线路较为固定;最后,燃料电池汽车目前加氢费用较高,导致其应用成本高、相较于传统汽车不具备商业化竞争优势。因此,要实现燃料电池汽车的大规模商业化,除了优化氢能产业链、降低加氢成本,更需要积极开展燃料电池发动机关键技术以及相关核心零部件国产化研究,降低生产成本,提升使用寿命,从而提高经济性。

2)燃料电池汽车关键技术与核心部件

为实现燃料电池汽车的大规模、商业化应用,以解决交通运输领域环境污染、高碳排放等问题,除了优化燃料电池发动机整体关键技术,同时还需要积极开展燃料电池汽车核心零部件研发以及相关成本分析,以实现核心零部件国产化应用,降低生产成本、提高使用寿命,从而整体提升燃料电池汽车经济适用性。

燃料电池发动机是燃料电池汽车的核心部件,是将燃料氢气与空气中氧气通过电化学反应直接转化为电能的一种发电装置,其性能决定了燃料电池汽车整体运行效率、适应工况、安全性能、使用寿命及研制成本等,因此对燃料电池发动机技术及相关零部件进行系统梳理并深入分析意义重大。

燃料电池发动机发电过程不涉及热机能量转化、无机械损耗、能量转化效率高、运行平稳且无噪声,副产物仅为水,因此被称为"最理想环保发动机"。目前,燃料电池汽车所用燃料电池发动机均为氢燃料电池发动机系统,主要由燃料电池电堆、空气供给模块、氢气供给模块、散热模块以及智能监控模块相互协调构成,氢燃料电池发动机 PID 示意图如图 5-5 所示[94]。

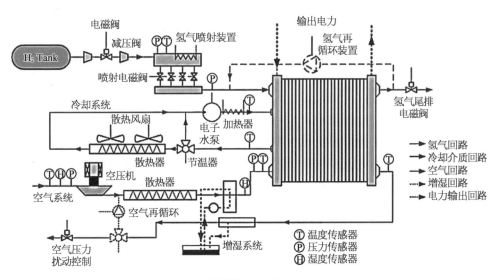

图 5-5 氢燃料电池发动机 PID 示意图

其中,氢燃料电池电堆作为燃料电池发动机系统的核心动力来源部件,是燃料电池发生电化学反应输出电流的主要场所,对燃料电池发动机性能与成本具有关键影响。电堆的组成主要包括膜电极(包含质子交换膜、催化层、气体扩散层等)、双极板(分为石墨板、金属板、混合板等)及密封组件等。由于单个燃料电池电堆输出功率较小,因此实际应用中通常将多个燃料电池电堆以层叠方式串联并经前/后端板压紧固定后形成复合电堆组件以提高整体输出功率。根据目前燃料电池输出电流密度平均水平,燃料电池发动机单片电池电堆输出电功率约为0.25 kW,即输出1 kW电功率需串联4片电池电堆。若取燃料电池发动机输出效率(发动机输出功率/电堆输出功率,其中,发动机输出功率等于电堆输出减发动机辅件BOP及AC/DC逆变器等输出功率)为80%,1 kW发动机输出功率需要5片电堆,以商用燃料电池重卡汽车120 kW的输出需求计算,则约需串联600片电堆组件。燃料电池汽车最核心部件当属电堆,作为决定电化学反应性能关键场所,其总体成本占燃料电池汽车整体30%以上,是成本与性能的主要决定因素。

空气供给模块主要功能是控制空气供给与断开及向燃料电池电堆组件提供适宜压力、流量、湿润的空气,其零部件主要包括空气滤清器、空压机、增湿器、流量计、电磁阀及循环管线。经空气滤清器过滤后的大量清洁空气被空压机压缩导入,为提高质子交换膜燃料电池工作效率还需经过增湿器将空气湿度调节至合适范围后输入燃料电池电堆参与反应,电磁阀则用于控制氢气供给与断开。

氢气供给模块主要功能是控制氢气供给与断开及向燃料电池电堆组件提供适宜压力、流量氢气,其零部件主要包括氢气入口电磁阀、减压器、氢气循环泵、氢气出口电磁阀及循环管线。减压器将氢气入口压力降至电堆适宜工作压力范围以内,电磁阀则用于控制氢气供给与断开。为提高氢气循环利用率,通过氢气循环泵将电化学反应后剩余的氢气运移至电堆氢气入口处重复使用。

散热模块可细分为电堆散热系统和辅助部件散热系统两类,电堆散热系统主要功能是调节并保持电堆温度处于合适工作范围,利用节温器特性,该散热系统分大小循环,初始温度较低时采用小循环管路,随着温度的迅速提高逐步开启大循环管路,避免燃料电池电堆长时间工作在较低温度影响燃料电池发电效率及使用寿命,因此该系统兼具散热和加热两种功能。辅助部件散热系统一般集成于燃料电池整车,由整车管路及风扇完成散热循环。

智能监控模块主要功能是利用数据采集系统对燃料电池发动机系统各项运行参数与状态进行检测,实时反馈至燃料电池汽车仪表仪器,并对发动机系统各项运行参数实时分析,针对系统反馈参数存在异常情况进行自动预警、全程记录。同时,车辆运行过程中可针对燃料电池发动机监测数据通过控制系统(VCU)传达指令,从而调节发动机系统相应参数,实现对燃料电池汽车发动机运转速度、输出扭矩等工况精准调控。

5.1.2 氢燃料电池汽车发展趋势

尽管氢燃料电池汽车已经成功开发研制并量产,但仍有高效且低成本的质子交换膜和催化剂、高能的双极板及储氢罐材料等不少技术难关需要科研工作者们攻破。根据目前的研究,氢燃料电池汽车未来的发展趋势主要如下[95]。

1) 加速推进质子交换膜的研究

质子交换膜作为氢燃料电池汽车内部化学反应的核心部件,目前虽已研制出相应的交换膜在市场上应用,但应用到实际中发现,其效率低且成本较高,成为当下氢燃料电池汽车发展的瓶颈之一。因此,通过寻找新型材料(如聚醚醚酮、壳聚糖等)对材料分子结构、官能团进行改造等实现膜的稳定化、高质子传导率化、低成本化,使燃料电池达到耐久性的要求,将会是未来研究的热门之一,对氢燃料电池汽车研究具有深远的意义。

2) 积极探索寻找低成本高效催化剂

催化剂是电池内化学反应的基础,对于氢燃料汽车的应用非常重要。现在市场上的氢燃料电池催化剂成本高,耐久性弱,主要是铂基催化剂。加速低成本、高效率催化剂的研究是当前普及氢燃料汽车的必经之路。因此,金属表面改性、合金研制、非金属复合材料改造、石墨烯应用技术的开发等研究方向,将会是未来开发高活性、高稳定性、高抗衰性氢燃料汽车催化剂的重点课题之一。

3) 有效推动双极板材料改性和流场设计共同发展

双极板材料的性质及价格影响氢燃料电池的寿命、使用感和制作成本;流场的合理设计影响电池内部的排水效果和工作效率。因此,寻找合适的双极板材料、设计合理的双极板构型都是必不可少的工作。通过对成本低、导电性高的金属性双极板进行表面改性,以合适的涂层为辅助,提高其耐腐蚀性和稳定性以及结合仿生学、自然规律等帮助,加强对极板表面的流场创新性研究,都将会是未来增强双极板性能、延长氢燃料电池寿命的重点课题之一。

4) 空压机的合理制造

空压机作为空气供应系统的主要部件,其性能的优劣将会显著影响氢燃料电池汽车的使用感和电动机的效率。因此,通过选择合适的空压机,对其进行改造并应用到汽车中,降低汽车成本,是当前空压机研究的核心。离心式和涡旋式空压机具有低成本、高稳定性等特点,将会是未来空压机优化改造、汽车效率提高的重点。

5) 合理发展储氢、制氢、氢纯化技术

氢气价格居高不下,不仅与当前氢燃料电池汽车未普及有关,还与氢气的制造成本高、纯化难、氢气储存罐技术难关未攻破有关。因此,加大对氢气制造产业整合、研究新型制氢技术,开发氢气纯度实时检测系统、优化膜分离技术等氢气纯化方式,突破氢气储存 70 MPa 瓶颈,研制氢气储存罐新型材料都是当下研究的热点方向。同时,发展固态和液态储氢法也将会是促进氢燃料电池汽车发展的途径之一。

5.1.3　中国氢燃料电池汽车产业

1）发展氢燃料电池汽车产业存在的风险

当前,我国氢燃料电池汽车产业发展初具条件,但仍存在诸多因素制约。

（1）政策体系与专项规划尚未明晰。

尽管氢燃料电池汽车产业的发展在顶层设计上获得了国家的认可,然而其政策体系与专项规划过于模糊,产业发展的重点、目标和未来方向还待明确。有关主管部门将氢气依旧列为危险化学品管理,对发展氢能源意识较为薄弱,加氢站建设审批具有较大难度,这对氢燃料电池汽车产业的发展形成了较大约束。

（2）加氢基础设施建设不足。

国内氢燃料电池汽车产业发展受限的一个重要因素是加氢基础设施建设不足。目前,我国氢燃料电池汽车产业处于发展初期,燃料电池汽车运营数量不多。建设运维加氢站也难以引发规模经济效应,把成本压到最低,导致建设运营几乎无法营利,国产加氢设备产业化应用能力微弱、创新模式少、成本高昂。

氢燃料电池汽车能否得到有效应用与推广,基础设施建设起到决定性作用。据新能源汽车行业专家预判,为使我国大多数城市需求得以满足,国家需在 2030 年之前建成 1 400 余座加氢站。据“十四五”氢能产业发展论坛报道:截至 2020 年底,全球约有 544 座加氢站,我国有 128 座加氢站,主要设立于广东、江苏、北京和上海等省市。这些加氢站主要为示范型加氢站或为示范型燃料电池汽车提供加氢服务,还不具备商业化运营的条件。

（3）核心技术与关键材料尚未国产化。

最近几年,为推动氢燃料电池汽车产业快速发展,我国先后颁发了多项支持鼓励政策。然而,其关键性零部件还是以进口为主,氢燃料电池的关键材料如碳纸、质子交换膜、催化剂等多未实现国产化;关键组件的制造工艺尚需提升,空压机、氢气循环泵、膜电极、双极板等部件与国外工艺还存在一定差距。

（4）缺乏商业化推广模式。

目前,氢燃料电池汽车缺乏商业化推广模式的主要原因是其全产业链生产制造成本高。从氢气制、储、运、用四个环节看,目前技术还不是很成熟,可再生能源制氢技术不够完善,压缩机和高压储罐设备费用较高、燃料电池电堆和膜电极组件成本较高,影响了燃料电池汽车产业的发展速度,距离大规模商业化应用还有很大差距。

2)发展氢燃料电池汽车产业存在的市场机会

氢气作为一种高效、绿色的清洁能源,已成为全球多个国家选择的终极能源发展目标。一方面,发展氢燃料电池汽车产业将带动本国产业应用升级,是推动氢能源综合利用的有效途径;另一方面,发展氢燃料电池汽车产业可有效提升国际层面绿色竞争力。

在全球汽车市场逐步萎缩的情况下,传统燃油车产销量快速下滑,新能源汽车市场却能呈现快速发展之态势,表明人们的生活消费习惯正在发生变化,从而为氢燃料电池汽车产业的发展坚定基石。为推动氢能和氢燃料电池汽车产业快速发展,专家建议政府主管部门应加大氢能产业补贴,高效、及时地执行政策落实到位,从而使绿色清洁的氢能及燃料电池汽车产业成本低于传统能源成本。随着可量产的氢能和氢燃料电池汽车应用端的不断涌现,氢燃料电池汽车产业有望迎来加速发展。

从市场前景来看,在供给方面,氢能在全球未来的能源供给体系中约占18%,在我国未来终端能源体系中约占10%,氢能供给结构将以可再生能源属性为主的清洁氢逐步替代化石能源时期的高碳氢。在需求方面,我国规划到2025年,燃料电池汽车保有量达到10万辆;到2035年,燃料电池汽车将达到130万辆,下游相关产品的市场也将打开。截至2050年,氢气需求量将递增至近6000万吨,占据我国终端能源体系10%以上的份额。截至2060年,国内氢气需求量将上涨到1.3亿吨左右,占据我国终端能源体系近20%的份额。因此,氢能源搭载的交通工具将成为人们低碳出行的重要方式,未来氢燃料电池汽车产业将迎来重大发展机遇。

3)发展氢燃料电池汽车产业展望

日前,国内自主研发的150 kW车用金属板燃料电池模块顺利通过国家机动车产品质量检验检测中心强检,可应用于大型公交车、重卡、物流车等。同时30~50 kW石墨板电堆已具备批量化生产,模块化集成能力。该技术涵盖膜电极、催化剂的制备,电堆的设计制造,系统集成与控制等全套相关技术,并开发出了多款燃料电池系统和核心零部件产品。未来,将持续开展研发,做好氢燃料电池汽车前沿技术储备工作,在交通运输、分布发电等领域实现稳定示范。

纵观中国新能源市场发展历程,从内燃机走到锂电、燃料电池,大趋势决定了战略路径。对于企业来说,只有踏准时代节奏,方能在未来市场中有所作为。

5.2 船舶氢燃料电池应用

随着气候变化问题日益严重,如何减少温室气体排放已成为各国经济发展中亟须考虑的问题。为减少船舶污染物排放对环境的威胁,国际海事组织(IMO)2018年要求:2050年全球船舶CO_2及温室气体排放量要控制在2008年水平的50%以下。而我国也在第75届联合国大会一般性辩论、气候雄心峰会上宣布了碳达峰碳中和目标:中国CO_2排放力争2030年前达到峰值,力争2060年前实现碳中和。

在此背景下,航运业必须加快产业低碳转型,寻找更为清洁环保的船舶替代燃料。英国造船和航运市场分析机构克拉克森研究所(Clarkson Research)预测(图5-6),2030年LNG将位居船舶替代能源的首位,而到2050年,氢燃料船舶将成为占比最大的替代能源船舶,占比达到40%。

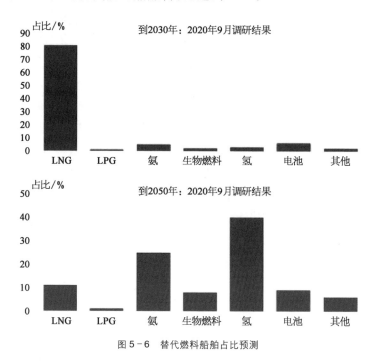

图5-6 替代燃料船舶占比预测

5.2.1 氢燃料动力船舶发展现状

氢燃料动力最早应用于军事领域。20世纪80年代,德国海军潜艇开始装配由西门子公司提供的质子交换膜燃料电池,1990 年由 HDW 公司改造了 209 级 1200 型潜艇,研制了世界上第一型装备氢氧燃料电池的 212A 型 AIP(Air Independent Propulsion)潜艇。2000 年后,随着节能减排需求的日益增长和燃料电池技术的发展,氢燃料动力船舶受到越来越多的重视。表 5-4 列举了当前世界上已建成的主要氢燃料动力船舶包括:蠡湖号、Energy Observer、Hydroville 与 Hornblower Hybrid 等,如图 5-7 所示。

表 5-4 世界上已建成的代表氢燃料动力船舶[96]

编号	船 名	参与机构	时 间	动 力 系 统	船舶基本信息
1	蠡湖号	中国科学院大连化学物理研究所、大连海事大学	2021	70 kW 氢燃料电池电堆和 86 kW·h 的锂电池组成混合动力	中国第一艘燃料电池游艇,长 13.9 m,设计航速 18 km/h,续航 189 km,载客 10 人
2	Energy Observer	丰田、Corvus Energy	2020	由太阳能光伏、风能和燃料电池构成混合动力系统,船上载有 126 kW 的氢燃料电池,168 m² 的太阳能电池板	船长 30.5 m,宽 12.8 m,总质量 28 t,航速 11 kn
3	Hydroville	Compagnie Maritime Belge(CMB)	2017	2 台 441 kW 柴油/氢双燃料内燃机提供动力,船上包括 12 个 205 L 的储氢罐(20 MPa)和 2 个 265 L 的燃油箱	船长 14.0 m,船宽 4.2 m,吃水 0.65 m,最大航速 27 kn,平均航速 22 kn,总载重吨 14 t
4	Nemo H2	Rederij Lovers	2012	动力系统包括 2 组 30 kW 的 PEMFC 和 1 组蓄电池,输出功率 70 kW,采用 35 MPa 的高压储氢方式,储氢量 24 kg	客船长 21.9 m,宽 4.2 m
5	Hornblower Hybrid	Hornblower	2012	动力系统包括 32 kW 的 PEMFC,2 台 5 kW 的风力发电机,20 kW 的太阳能光伏列阵,与柴油发电机一起为船舶提供混合动力	船长约 44.0 m,载客 600 人
6	Hydrogenesis	Bristol Bost Trips	2012	4 组燃料电池提供 12 kW 的动力,氢气储存在 350 bar 的储罐中,燃料电池充电时间为 10 min	船长 11.0 m,宽 3.6 m,载客 14 人(含船员 2 人),航速 6~10 kn
7	MS Forester	Thyssen Krupp Marine Systems,DNV 等	第 1 阶段:2009—2017;第 2 阶段:2017—2022	安装了 100 kW 的 SOFC 燃料电池系统作为辅助动力,SOFC 燃料电池可采用氢气、甲醇等作为燃料	船长 92.5 m,宽 17.0 m

编号	船　名	参与机构	时　间	动　力　系　统	船舶基本信息
8	MS Mariella	Meyer Werft、DNV 等	第 1 阶段：2009—2017；第 2 阶段：2017—2022	安装了 2×30 kW 的模块化 HTPEM 燃料电池作为辅助动力，HTPEM 燃料电池可采用氢气、甲醇等作为燃料	船长 177.0 m，宽 28.0 m，载客 2 500 人
9	Alsterwasser	Proton Motors，GL、Alster Touristik 等	2006—2013	配备 2×50 kW PEMFC 燃料电池和 120 Ah 胶体铅酸电池，采用 35 MPa 的压缩氢气，储氢量 24 kg	船长 25.5 m，宽 5.4 m，吃水 1.33 m，最大航速 8 kn，载客超过 100 人
10	Viking Lady	Wallenius Maritime、Wartsila、DNV	2003—2010	安装了 320 kW 的熔融碳酸盐燃料电池（Molten Carbonate Fuel Cell，MCFC）系统作为辅助动力系统，MCFC 燃料电池可采用氢气、甲醇等作为燃料	船长 92.0 m，宽 21.0 m，总载重吨 6 100 t，载客 25 人，可容纳 993 m³ 的淡水和 167 m³ 的甲醇
11	Ms Weltfrieden	Lioyd	2000	为旅游车改装，安装了 10 kW 动力的 PEMFC 推进装置，采用两个金属氢化物储氢装置，共容纳 54 m³ 氢气	

(a) 蠡湖号

(b) Energy Observer

(c) Hydroville

(d) Hornblower Hybrid

图 5-7　典型氢燃料动力船舶

从表 5-4 可知：当前世界上已建成的氢燃料动力船舶主要以客船为主,其中以氢燃料电池动力船舶为主,主要采用 PEMFC,包括:PEMFC 与柴油机动力(如 Hornblower Hybrid 等),PEMFC 与蓄电池(如蠡湖号、Nemo H2、Alsterwasser 等),PEMFC 与太阳能、风能发电(如 Energy Observer、Hornblower Hybrid 等)构成混合动力系统,为船舶提供动力。单纯依靠 PEMFC 作为动力源的船舶仅有 Hydrogenesis、Ms Weltfrieden。另外,也有船舶将氢作为发动机燃料,如 Hydroville 采用柴油/氢双燃料发动机为船舶提供推进动力。

除了表 5-4 中列举的已建成氢燃料动力船舶,当前世界上还有许多正在进行的氢燃料动力船舶项目,包括:DNV 开展的泰晤士河氢能生态项目,三星重工与 Bloom Energy 合作的氢燃料动力船舶,Norled AS 建造的氢电渡轮,维京邮轮建造的 Viking Sun 液态氢动力油轮,桑迪亚国家实验室与 Redand White Fleet 共同建造的 SF-BREEZE 高速载客渡轮,以及乌斯坦集团和 Nedstack 燃料电池技术公司共同打造的 SX190 DP2 氢燃料动力海船等。在第 20 届中国国际海事展期间,中国船舶集团公布了其自主研发的氢燃料动力内河自卸货船,如图 5-8 所示。船长 70.5 m,宽 13.9 m,设计吃水 3.1 m,设计航速 13 km/h,续航力 140 km;采用 4×125 kW PEMFC 燃料电池和 4×250 kW·h 锂电池组作为船舶动力源,氢燃料存储系统采用 35 MPa 高压气瓶共存储氢 280 kg;已得到中国船级社颁发的 500 kW 内河氢燃料动力货船基本设计 AIP 认证。

图 5-8 氢燃料动力内河自卸货船

另外,促进氢燃料动力船舶发展的相关配套项目也在进行中,船用燃料电池方面包括 ABB 与 Sintef Ocean 合作开发的 30 kW 功率的氢燃料电池,东芝正在开发的适用于大型运输方式的纯氢燃料电池系统 H2Rex-Mov 系统,中船重工 712 所研究的 500 kW 级船用燃料电池系统解决方案,巴拉德开发的 200 kW

的氢燃料电池模块化单元 FCwave;船用氢燃料发动机如太平洋资源研发的船用氢能 600 kW 到兆瓦级的氢燃料发动机,未来可以用以推动 1 000~3 000 t 的内河船只;液化氢运输供给船包括日本川崎重工建造的全球首艘液化氢运输船 Suiso Frontier,巴拉德与 Global Energy Ventures 开发的 C‒H2 新型燃料电池动力船舶用于运输压缩绿色氢,挪威 Enova 资助的近海供应基地服务的滚装船 Topeka 等,其中 Topeka 还能够将氢运输到不同的加油站,为当地渡轮和陆路运输提供燃料。

上述已建成和正在进行的氢燃料动力船舶将为后续氢燃料动力船舶的发展起到示范作用,与氢燃料动力船舶息息相关的燃料电池、氢燃料发动机和液化氢运输等项目的开展将促进氢燃料动力船舶的建造,为氢燃料动力船舶的运行"保驾护航"。

5.2.2　燃料电池动力相关标准规范

标准规范用于对氢燃料电池动力船舶行业进行规范,是氢燃料电池动力船舶推广应用的基础,应该受到社会各界的重视。表 5‒5 列举了部分国内外与氢燃料电池动力相关的标准规范。与氢燃料电池动力相关的标准规范主要涉及燃料电池、氢的注储供系统及氢安全。这些标准规范多针对通用场景,但对氢燃料电池动力船舶的相关技术标准规范具有借鉴指导作用。

表 5‒5　部分与氢燃料电池动力相关的标准

编号	标 准 名 称	起 草 组 织	标 准 简 介
1	Guide for Fuel Cell Power Systems for Marine and Offshore Applications	美国船级社(American Bureau of Shipping, ABS)	为船用燃料电池的设计、评估和辅助支撑系统的建立提供指导参考,并明确了可采用燃料电池的船舶类型
2	Handbook for Hydrogen-Fuelled Vessels	挪威船级社(Det Norske Veritas, DNV)	确定了航运业的氢安全路线图,对如何进行氢燃料电池动力船舶的安全和监管提供指导
3	Fuel Cell Technologies—Part 2: Fuel Cell Modules (IEC 62282‒2: 2012)	国际电工委员会(International Electro Technical Commission, IEC)	规定了燃料电池模块应用过程中,保证其安全性和电池性能的最基本要求,明确了燃料电池对人或外界产生危害时的处理方法
4	《质子交换膜燃料电池发电系统低温特性测试方法》(GB/T 33979—2017)	全国燃料电池及液流电池标准化技术委员会	规定了低温(零度以下)条件,质子交换膜燃料电池发电系统的通用安全要求、试验要求、试验平台、低温试验前的例行试验及低温试验方法和试验报告等

编号	标 准 名 称	起 草 组 织	标 准 简 介
5	《质子交换膜燃料电池供氢系统技术要求》(GB/T 34872—2017)	全国燃料电池及液流电池标准化技术委员会	规定了质子交换膜燃料电池供氢系统的系统分类、技术要求、试验方法、标识、包装及运输
6	《氢气储存输送系统 第1部分:通用要求》(GB/T 34542.1—2017)	全国氢能标准化技术委员会	提出了对氢气储存系统、氢气输送系统、氢气压缩系统、氢气充装系统的技术要求以及防火防爆技术要求
7	《氢系统安全的基本要求》(GB/T 29729—2013)	全国氢能标准化技术委员会	规定了氢系统的危险因素及其风险控制的基本要求,适用于氢的制取,储存和输送系统的设计和使用
8	Basic Considerations for the Safety of Hydrogen Systems (ISO/TR 15916:2015)	国际标准化组织 (International Organization for Standardization, ISO)	规定了氢气和液氢的使用和储存,明确了氢气、液氢使用中的安全事项、存在的风险等
9	《氢气使用安全技术规程》(GB 4962—2008)	全国安全生产标准化技术委员会、化学品安全标准化分技术委员会	规定了气态氢在使用、置换、储存、压缩与充(灌)装、排放过程中消防与紧急情况处理、安全防护方面的技术要求
10	《移动式加氢设施安全技术规范》(GB/T 31139—2014)	全国氢能标准化技术委员会	规定了移动式加氢设施的安全技术要求、运行安全管理、运输和长期停放的要求,适用于加注压力为15~70 MPa的移动式加氢设施

从表 5-5 中可以看出,目前氢燃料电池动力船舶尚处于发展初期,相关的标准规范还比较欠缺,大多数标准规范为通用。针对氢燃料电池动力船舶的标准规范只有 ABS 发布的《船舶与近海燃料电池动力系统应用指南》(Guide for Fuel Cell Power Systems for Marine and Offshore Applications)和 DNV 发布的《氢燃料船舶手册》(Handbook for Hydrogen-Fueled Vessels)。

ABS《船舶与近海燃料电池动力系统应用指南》涵盖了所有类型的燃料电池,重点在新建和改造的项目中使用燃料电池系统及推进系统和辅助系统的部署,并保证系统的安全。在该指南中,首先明确了燃料电池的设计要求,以及燃料电池在船舶的布置和安装要求;然后对燃料电池动力船舶的火灾探测和消防安全进行了明确,对电气系统的安全危险区域进行了划分;另外,明确了燃料电池动力船舶的控制、监测与安全系统的功能和监测要求;最后规范了燃料电池动力船舶建造中和建造后的测试流程和内容。

DNV 在《氢燃料船舶手册》中重点关注氢燃料电池动力船舶的安全问题,梳理了氢作为船用燃料应该遵循的安全法规和标准,明确了与氢安全相关的问题及所需的风险评估方法。在该手册中,首先从设计与采购、制造与测试、设备安装与调试、船舶运行与维护四方面明确了氢燃料电池动力船舶的建造要求;然后,结合《国际气体及低闪点燃料动力船舶安全规则》(IGF 规则)、DNV 船舶入级规范和《海上人命安全公约》(SOLAS 公约)等,对基于燃料电池的能量转换、氢在船上的存储、船上的安全距离和危险区域划分、氢燃料加注等进行了约束;最后明确了氢燃料动力船舶的风险分析方法及应该采取的风险控制措施。目前,该手册只考虑了高压气态储氢和液态储氢,液氨储氢、液体有机氢载体(LOHC)储氢等未包含在内,主要以 PEMFC 作为动力源,未考虑氢燃料发动机作为动力源的情况。

CCS 在《船舶应用替代燃料指南》第 2 篇:燃料电池系统中,主要面向高压气瓶储氢技术,对船舶应用氢燃料电池提出了相关技术要求,但是未对其他形式的储氢技术及其在船上的应用进行规范。当前,CCS 开展了《氢燃料电池动力船舶技术与检验暂行规则》的编制工作,在 2022 年 3 月 7 日公布并实施。另外,IMO 海上安全委员会第 97 届会议(MSC97)通过了《液氢散装运输的临时建议案》及 MSC 决议草案。该草案经过约 3 年的实船应用后可能正式纳入 IGF 规则中。

与船舶相比,氢燃料电池汽车相关标准法规更加完善,在氢燃料电池动力船舶标准规范尚欠缺的情况下,这些标准法规可为氢燃料电池动力船舶的建造、测试、使用等提供借鉴参考,如:《燃料电池电动汽车燃料电池堆安全要求》(GB/T36288—2018)、《燃料电池电动汽车安全要求》(GB/T24549—2009)、《通用燃料电池汽车辆安全推荐实施规程》(SAEJ2578—2009:Recommended Practice for General Fuel Cell Vehicle Safety)。

尽管氢能在船舶上的应用目前仍处于起步探索阶段,但随着未来大功率氢燃料电池等技术的攻克,氢有望成为最具发展潜力的船用零排放替代燃料。海事管理机构应持续关注和研究相关国际公约规范的新进展,建立健全相关法规规范,积极开展示范运行,助力水运业实现碳达峰碳中和承诺。

5.3　航空氢燃料电池应用

为构建节约型、可持续发展型社会,各国的环境保护标准日益提高。2019年 12 月欧盟提出了到 2050 年实现温室气体碳中和的目标,之后日本、韩国也提出了在 2050 年实现碳中和的目标。2020 年 9 月的第七十五届联合国大会一般性辩论上,中国提出了二氧化碳排放力争于 2030 年前达到峰值,努力争取 2060年前实现碳中和的目标和承诺。其中,交通工具不仅在化石燃料消耗及排放中所占的比例较大,而且影响人们的生活。以运输量持续增长的航空领域为例,其二氧化碳排放量占全球二氧化碳总排放量的2%以上,且逐年上升。因此,如何提高航空工业动力系统的能量利用效率并降低污染物排放是每一个能源、动力装置研究人员所关心的问题。传统交通工具的动力系统主要为燃烧式发动机,燃气轮机等。燃烧式发动机从第二次工业革命起开始实用化,已被广泛研究。截至目前,其性能提升较为缓慢,且提升幅度较小。为降低碳排放、发展噪声较小的新型飞机,人们提出了多电、全电飞机,以电池作为飞机部分或全部能源供给。由于电池能量密度较小,将其作为飞机能源限制了其航程和载重。燃料电池相对于电池等设备具有功率密度大、受天气制约小等特点,相对于传统燃烧式发动机具有热效率高、污染物排放小等特点,可作为新型、高效、低排放动力系统,是未来飞机的潜在最优动力解决方案之一。

质子交换膜燃料电池(PEMFC)和固体氧化物燃料电池(SOFC)是目前最具有应用潜力的燃料电池动力系统。PEMFC已经开始应用于汽车、轮船等交通工具。然而其只能使用高纯度氢作为燃料,具有一定局限。相比之下,SOFC是一种高效、清洁能源设备可使用碳氢燃料,相较于PEMFC在燃料后勤保障体系方面有较大优势。欧洲和北美已有多个供给碳氢燃料的SOFC示范项目,日本日产公司在2016年试运行了一款以乙醇为燃料的SOFC汽车。此外,SOFC工作温度较高(600~1 000℃),相较于PEMFC可允许电极温升大,其水热管理也相对简单。

SOFC由于工作温度高,基于"温度对口"的能量梯级利用原理,可与燃气轮机(GT)相结合,组成热效率更高的SOFC/GT混合动力系统,被用于地面分布式发电系统。由于碳氢燃料如丙烷、汽柴油、煤油等具有较大的能量密度。以这些燃料为能源的SOFC/GT混合动力系统可用作飞机动力系统方案,应用前景广阔,可发挥更大用途。如果用SOFC/GT混合动力系统替换现有飞机的燃烧式发动机,发动机热效率可提高近一倍,飞机耗油率将显著下降,且在污染物减排等方面也有较大优势。美国国家航空航天局(NASA)和日本宇宙航空研究开发机构(JAXA)对SOFC在航空器上的应用非常关注,均认为高效率、低污染的SOFC/GT混合动力系统在飞机的应用具有重要意义。NASA在培育超高效率低排放航空动力项目中计划用SOFC/GT混合动力系统作为其第一个全电飞机X-57"Maxwell"的动力装置。

5.3.1 PEMFC动力系统

由于PEMFC较SOFC工作温度低,生产制造较为容易,因而率先应用于航空飞行器。

1) 国外 PEMFC 无人机及动力发展现状

公开文献发表的第一架燃料电池无人机是 2003 年 Aero Vironment 公司在 NASA 资助下研制的"Hornet"(大黄蜂)无人机,该无人机采用飞翼式布局,翼展仅有 38 cm,总重 170 g,其中燃料电池为 PEMFC,可以续航 0.25 h[97]。同年 NASA 研制的"Helios"无人机翼展可以达到 75 m,携带 18.5 kW 功率的燃料电池也实现了成功飞行。这些无人机表明燃料电池发电可以驱动不同尺寸的无人机,证实燃料电池作为无人机动力是可行的。

在接下来的十年中,燃料电池无人机的续航能力不断增加,从最初 15 min 增长至 48 h,成为电动小型无人机最有希望提高续航能力的途径。美国海军研究实验室(NRL)在 2005 年研制的小型研究型燃料电池无人机 Spider Lion 使用燃料电池推进系统,无人机翼展 2 m,总重 2.5 kg,采用 Protonex 公司生产的 95 W 质子交换膜燃料电池,携带 34 MPa 高压气态氢气罐,飞行实验测定飞行时间为 3 h 19 min[98]。在同一时期,该实验室也在执行 Ion Tiger 无人机项目,其目的是验证燃料电池无人机的极限航时应用。无人机翼展 5.2 m,总重 15.9 kg,使用 550 W 的质子交换膜燃料电池(与 XFC 的 550 W 燃料电池一致),在携带 2.3 kg 载荷的情况下,持续飞行 26 h。2013 年通过对无人机的储氢技术进行改进,携带液氢罐,飞行时间达到了 48 h,创造了燃料电池无人机的航时记录。除此之外,国外多个研究单位、高校、企业等都开始对该领域进行研发,比如 Aero Vironment 公司、洛马公司、韩国航空航天研究院(KARI)、加利福尼亚大学、佐治亚理工学院等均研制了功率不等的燃料电池无人机,见表 5-6。综上所述,国外在燃料电池无人机方面率先开展相关研究,无人机类型以固定翼无人机为主,尝试了高压氢气罐储氢及液态储氢等高效储氢技术,燃料电池无人机的续航时间纪录长达 48 h,相比于以锂电池为动力的电动飞机不超过 10 h 的续航时间翻了数倍,是未来在长续航电动无人机方面的重点实现途径。

表 5-6 无人机用燃料电池

研发机构	名　称	电池类型	功率/W	电池质量/kg	总质量/kg	续航时间/h
NRL[98]	Spider Lion	PEMFC	115	–	3.1	3~4
NRL[99]	Ion Tiger	PEMFC	550	1.9	15.9	48
加利福尼亚大学[100]	Pterosoar	PEMFC	150	2.273	5.0	12
佐治亚理工学院[101]	GT FCU AV	PEMFC	500	4.96	16.4	0.75

研发机构	名　称	电池类型	功率/W	电池质量/kg	总质量/kg	续航时间/h
KARI[102]	EAV – IUAV	PEMFC	–	–	6.5	4.5
洛马公司[103]	Stalker XE	SOFC	300	–	11.0	8
密歇根大学[104]	Endurance	SOFC	–	–	5.3	10

2) 国外 PEMFC 载人飞机及动力发展现状

在载人燃料电池飞机方面,以波音、空客、DLR 为首的研究单位首先展开相关研究。2008 年,波音公司成功完成了载人燃料电池飞机的飞行测试[105,106],将 PEMFC 和锂电池组成混合动力系统配置进飞机,通过驱动电动机,继而带动螺旋桨实现飞机飞行。燃料电池系统输出的最大功率为 24 kW,锂离子电池可以输出 50~75 kW 的功率,飞机飞行过程中仅产生水蒸气,且比传统飞机安静得多。除此之外,德国宇航中心(DLR)牵头研制的燃料电池飞机 DLR – H,于 2009 年试飞成功,其中 PEMFC 可以发出 25 kW 的电功,燃料电池的工作效率可以达到 52%。这架燃料电池飞机可连续飞行 5 h,航程可达 750 km。国外也有部分企业参与了燃料电池载人飞机的研制。2019 年,位于美国加利福尼亚州的 Alaka'i Technologies 公司公布了研制的 Skai 六旋翼五座氢燃料电池电动垂直起降飞机,这架原型机为 5 座,续航 4 h,航程 640 km,商载 450 kg[107]。2020 年美国 ZeroAvia 公司的电动改型 M500 六座飞机在英国克兰菲尔德机场成功试飞,该机采用氢燃料电池供电,最大起飞重量 2.3 t,最大航程 1 800 km,满足大部分短途通勤民航的需求。

3) 国内 PEMFC 无人机及动力发展现状

国内首先在燃料电池无人机方面开展研究的高校是同济大学,2012 年 12 月,同济大学研制完成了我国第一架纯燃料电池无人机"飞跃一号",无人机使用了一个 1 kW 的质子交换膜燃料电池作为动力,有效载荷 1 kg,续航时间 2 h。2012 年 7 月 30 日,由辽宁通用航空研究院和大连化物所合作研制,由氢燃料电池作为主要动力,锂电池作为辅助动力的无人试验机"雷鸟"首飞成功。无人机在起飞阶段使用燃料电池与锂电池共同驱动,巡航和降落阶段由燃料电池驱动。"雷鸟"使用的燃料电池为大连化物所研发的 10 kW 级航空用 PEMFC 系统[108]。

2020 年,哈尔滨工业大学课题组设计制造了基于燃料电池和锂电池混合动力的"翌翔一号"长航时固定翼无人机,是国内起飞重量最小的燃料电池固定翼无人机,如图 5–9 所示。该无人机使用了 PEMFC 作为无人机推进动力来源,同时采用了锂电池作为无人机动力的辅助能量来源,无人机性能参数见表 5–7,从表中可以看出,该无人机的续航时间达到了 8 h 以上。

图 5-9 "翌翔一号"无人机实物图

表 5-7 无人机性能参数

性 能 项	参 数
巡航速度/(m/s)	20
实用升限/km	5
最大起飞重量/kg	10
空载重量/kg	6
载重量/kg	4
最大飞行速度/(m/s)	30
最长飞行时间/h	8.9
最大飞行半径/km	240

图 5-10 是该无人机的动力系统原理图,混合动力系统包括锂电池、氢气罐、燃料电池、DC/DC 转换器、电源管理模块和电动螺旋桨,无人机在起飞和高速飞行时需要动力系统有大功率输出,因此采用锂电池供电,在巡航阶段改由燃料电池供电。

该无人机所具有的优势总结如下:

(1) 动力系统为燃料电池,该系统效率高可以达到 50% 以上。相对活塞发动机而言,效率提升 20% 左右,相对蓄电池而言,具有更高的能量密度(蓄电池能量密度 250 W·h/kg,燃料电池系统能量密度达 500 W·h/kg)。

(2) 动力系统不含旋转部件,工作安静,低噪声。

(3) 属于电动飞机,节能环保,不排放污染气体。

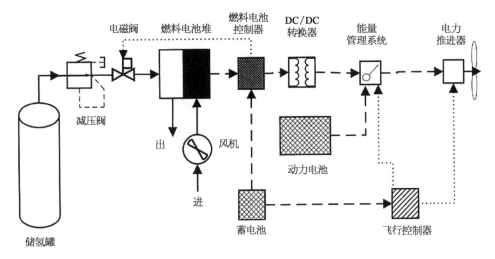

图 5-10 无人机的动力系统原理图

（4）动力系统具有较高的效率和能量密度,其航程和航时相比同功率传统动力形式的无人机大幅提高。

2021 年,哈工大"翌翔一号"燃料电池无人机还完成了国内首次氢燃料电池固定翼无人机弹射起飞试验,该技术可大幅降低需要携带的锂电池重量,使得无人机对于起飞场地的要求大幅下降,其应用场景可进一步扩展。哈工大"翌翔二号"无人机首飞成功,该飞机翼展为 3.2 m,最大起飞重量为 20 kg,最大载重可以达到 3.5 kg,理论续航时间可达 16 h,最大航程可以达到 1 000 km,项目团队开发应用于"翌翔二号"的燃料电池/锂电池混合动力系统具有高功率密度和高能量密度的特点,是锂电池无人机的续航时间的 3 倍。"翌翔二号"无人机采用了动力系统/结构一体化设计方式,是国内首架可以采用多种起降方式,具有大载重、长航时特点的无人机实验平台。

除了高校、研究所等机构外,国内的一些企业也对燃料电池无人机开展了研究并研制出了多款技术验证机,主要有科比特航空科技有限公司、浙江氢航科技有限公司、武汉众宇动力系统科技有限公司、斗山创新(深圳)有限公司、黑盐科技有限公司和新研氢能源科技有限公司等企业,代表性验证机见表 5-8。

表 5-8 国内燃料电池无人机企业

序号	企 业 名 称	代表性验证机
1	CorBit Aviation Technology Co., Ltd	HYDrone-1800[109]
2	Zhejiang Qinghang Technology Co., Ltd	Apus melba[110]

序号	企 业 名 称	代表性验证机
3	Wuhan Zhongyu Power System Technology Co. . Ltd	Light cavalry[109]
4	Doosan Innovation(Shenzhen) Co. , Ltd	DT30[111]
5	Black Shark Technology Co. , Ltd	Narwhal 2[112]
6	Xinyan Hydrogen Energy Technology Co. , Ltd	Sixrotor industrial UAV[113]

目前国内的燃料电池无人机主要以旋翼机为主。其他公司的燃料电池无人机产品也在其各自的应用场景中有竞争优势,例如"独角鲸2"号旋翼机用于数据通信,"高山雨燕"固定翼无人机用于大范围侦察等。总体来说,目前国内的燃料电池无人机行业发展得如火如荼,燃料电池无人机的发展前景一片光明。

4) 国内 PEMFC 载人飞机发展现状

国内的燃料电池载人飞机由中科院大连化物所与辽宁通用航空研究院联合研制,基于辽宁通用航空研究院研制的 RX1E 电动飞机改装而来。飞机采用大连化物所研制的 20 kW 氢燃料电池为动力电源,配合小容量辅助锂电池组,储氢方式为机载 35 MPa 氢储罐,于 2017 年试飞成功。

相比于燃料电池无人机,燃料电池载人飞机的技术难度更高,进行相关研究的机构较少,但燃料电池载人飞机在未来低碳环保、清洁静音的短途通勤任务上相比燃油飞机拥有无可比拟的优势,近年来越来越受到相关学者的重视。

随着世界范围内对低排放、低耗油率动力系统的需求,燃料电池逐渐得到了广泛研究和应用。相比于燃烧式发动机,燃料电池动力的主要优势是效率高,污染物排放低。燃料电池效率为 40% ~ 80%,相比之下柴油发动机效率约 35%,蒸汽轮机效率 29% ~ 42%。因此,以燃料电池为动力和能源系统,可节约大量化石燃料,降低污染物及碳排放。

5.3.2 SOFC 动力系统发展现状

洛克希德·马丁公司(LMT)研制了以丙烷为燃料的 8 kg "Stalker - XE" 小型无人机,如图 5 - 11 所示。该无人机原型采用电池作为能源,续航时间为 2 h。改装后的无人机以 SOFC 为动力,续航时间增加到 8 h。此外,意大利先进能源技术研究所在欧洲燃料电池和氢能利用项目的资助下对小型 SOFC 无人机进行

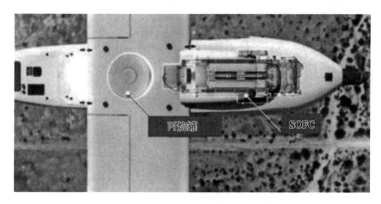

图 5-11 "Stalker-XE"SOFC 动力无人机

了流动换热仿真与实验研究。

目前仅以 SOFC 作为动力的无人机以及载人飞机的研究较少,SOFC 可与燃气轮机相结合,组成热效率更高的 SOFC/GT 混合动力系统。用 SOFC/GT 混合动力系统替换现有飞机的燃烧式发动机,发动机热效率可提高近一倍,飞机耗油率将显著下降,且在污染物减排等方面也有较大优势,是当下的研究热点之一。

5.4 分布式能源氢燃料电池应用

传统的火力发电站依赖于煤等化石能源,其燃烧能量有 60%~70% 要消耗在锅炉和汽轮发电机这些庞大的设备上,在电力运输过程中也存在 5% 左右的传输损耗,同时给环境带来巨大的污染,发展越来越受到限制。燃料电池是一种高效清洁的发电装置,综合能量转换率可达 70%~90%。由于燃料电池发电设备具有分散的特质,它可让用户摆脱集中式发电的限制,减少电力在传输过程中的损耗,因此具有极大的发展潜力。

目前,世界多国都在努力推动燃料电池在固定电源领域中的产业化应用。在美国,燃料电池在备用电源市场中的占有率正在逐步提高,被广泛用作大型通信设备、数据中心和家庭的备用电源。日本正在积极推进氢燃料电池发电的研究,日本综合建设公司大林组与川崎重工将从 2018 年开始向神户市的一部分地区提供用氢燃料生产出的电力。我国也在积极推进氢燃料电池在固定电源领域中的商业化应用进程,目前已将氢燃料电池逐步投放到通信网络的应急电源领域中。我国还发布了《能源技术革命创新行动计划(2016—2030 年)》和《能源技术革命重点创新行动路线图》,将氢能与燃料电池技术创新列为重点任务,进一步发展氢气制造、储运技术和燃料电池发电技术。此外,德国、英国、韩国也在大力支持燃料电池产业的发展。

5.4.1　燃料电池与其他发电方式对比

　　与可作为分布式电源的其他动力与能源转换设备相比,燃料电池效率高、噪声低、体积小、可靠性高、电能质量好,是理想的分布式电源。在 250 kW ~ 10 MW 的功率范围内,具有与目前数百兆瓦级别的中心电站相当,甚至更高的发电效率。图 5 - 12 是燃料电池与不同发电机组发电效率的比较,图中 IGCC 为整体煤气化联合循环。可见,燃料电池的发电效率通常在 50% 左右,较之其他能源发电方式的发电效率要高。燃料电池采用电化学的方法将燃料中的化学能直接转化为电能,这一过程不受卡诺循环的限制,因此尽管其单机容量较小,最大只有几百千瓦,但是发电效率超过大型千兆瓦级的传统发电机组,并且远远超过同规模的小型、微型燃气轮机。

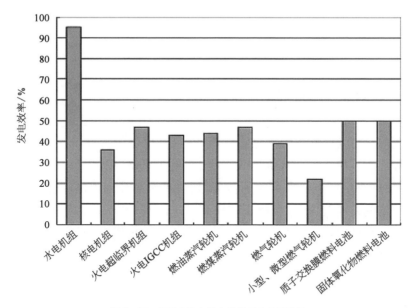

图 5 - 12　燃料电池与发电机组发电效率比较

　　目前,燃料电池的单机最大输出功率为 300 kW,与传统大型发电机组单机功率相差甚远,而与微型燃气轮机等设备的单机功率接近。因此,就单机发电功率和效率而言,燃料电池发电系统非常适用于固定电站、微型热电联供系统和可再生能源系统。

　　美国能源局将微型燃气轮机的单机功率确定在 25 ~ 300 kW,发电效率可达

30%。微型燃气轮机是目前较成熟、具有商业竞争力的分布式能源持续性发电设备,正受到越来越多的关注。以微型燃气轮机为核心的冷热电联产系统,理论上能源综合利用率可达到80%以上,但是国外的工程应用实践证实,系统案例的实际能源综合利用率在60%左右。现阶段国内分布式供能系统中采用的微型燃气轮机均为价格昂贵的国外进口产品,系统投资回收期较长。燃料电池及微型燃气轮机的对比见表5-9。

表5-9 燃料电池与微型燃气轮机对比

项　　目		燃　料　电　池	微型燃气轮机
单机容量/kW		1~300	25~300
电效率		40%~60%	25%~30%
综合效率		80%~95%	60%~80%
电能类型		直流电,电压等级可通过电堆串并联设计	高频交流电,需要降频及变压处理
排放量/(g/MW·h)	氮氧化物	2.73	200
	硫氧化物	0.027 27	3.636 32
	可吸入颗粒物	0.004 55	40.908 6
	二氧化碳	249 997	725 445.8
噪声(1 m处)/dB		<60	>85
系统价格/(美元/kW)		9 100	2 970
寿命/h		10 000~80 000	45 000
回收期/年		6	3.99
应用场合		家用、车载、分布式微小型发电系统,冷热电联供系统	百千瓦级以上冷热电联供系统
商业化程度		家用、车载、固定式小规模商业化;国内外技术差距较小,商业化差距较大	国外商业化成熟,技术垄断;国内起步较晚,尚处于研发阶段

燃料电池发电系统与传统发电机组的投资比较,不能单比较机组投资,还应将长距离输电、配电投资与厂用电、输电能耗和两种能源转换装置的效率比较考虑在内。在实际发电过程中,还应考虑传统的热机发电占地面积大、环境污染重的问题。随着燃料电池发电技术的不断完善,造价将会不断地降低,特

别是在规模化生产后,其造价将大幅度下降。不久的将来这种发电方式会对传统热机发电构成挑战,即:将来的电网系统将可能是现有的大电厂和中小燃料电池共存的状态,这是因为大电网有优越性,同时也存在着缺点,如高电压长距离输电将有 6%~8% 的损失,而分散的中小型燃料电池电站可以在用电现场建立,因此,可以减少送电损失(输气能量损失一般仅为 3%),同时能为电网调峰做出贡献,中小型分布式燃料电池系统也能灵活地适应季节性和地域性的电力需求变化。

5.4.2 固定电站燃料电池应用

加拿大在燃料电池的发展方面居世界领先地位,已建成 250 kW 燃料电池示范电站,其目标是在近几年内使 250 kW 级燃料电池商业化。加拿大 Ballard 公司[114]推出的 200~250 kW 质子交换膜燃料电池组,彻底粉碎了质子交换膜燃料电池不易发展成为大型电站的说法。目前,全球范围内已有多个兆瓦级燃料电池系统应用于分布式发电中,表 5–10 给出了燃料电池在兆瓦级分布式发电中的部分应用案例。

表 5–10　燃料电池在兆瓦级分布式发电中的应用案例

厂　商	燃料电池类型	功率/MW	案　　例
Nedstack	质子交换膜燃料电池	2	2016 年,我国营创三征(营口)精细化工有限公司使用其氯碱工业副产氢驱动燃料电池实现清洁发电,实现 20% 的电力自供应
		1	2012 年,比利时 Solvay 化工集团氯碱副产氢发电
Hydrogenics	质子交换膜燃料电池	1	2013 年,德国 E. ON 公司欧盟 P2G(Power to Gas)示范项目
Ballard	质子交换膜燃料电池	1	2012 年,丰田美国总部分布式清洁发电示范项目
斗山能源	磷酸燃料电池	1.6	2010 年,美国 COX 通信电缆公司 700 W 生物质气清洁发电
浦项制铁	熔融碳酸盐燃料电池	360	在建,韩国平泽旅游园区和浦升工业园区大规模供电供热项目
Fuel Cell Energy	熔融碳酸盐燃料电池	5.6	2016 年,美国辉瑞制药研发中心项目
Bloom Energy	固体氧化物燃料电池	1	2013 年,本田美国总部 5 个 200 kW 天然气分布式电站

2010 年 2 月,美国 Bloom Energy 公司推出以平板式电解质支撑电堆为核心的 200 kW 固体氧化物燃料电池发电系统,实际发电效率可达 60%,可用作数据中心备用电源。

韩国浦项入股了美国 Fuel Cell Energy 公司,并在韩国安装部署了以熔融碳酸盐燃料电池为基础的直接燃料电池发电系统,Fuel Cell Energy 公司目前在全球已经安装部署了超过 300 MW 的发电设备。韩国斗山集团 2014 年全资收购了美国 Clear Edge 燃料电池企业,推出了以磷酸燃料电池为基础的纯电池发电系统。截止到 2015 年,斗山集团在全球共计安装了超过 170 MW 的磷酸燃料电池发电系统。

2016 年 10 月,全球最大的 2 MW 质子交换膜燃料电池示范电站落户我国辽宁营口。中国营创三征为实现氯碱工业副产氢的清洁利用,联合荷兰 Nedstack 和 MTSA 等公司建设 2 MW 质子交换膜燃料电池系统,清洁发电,实现 20% 的电力自供应。该系统采用荷兰 Nedstack 公司提供的质子交换膜燃料电池,由 MTSA 公司负责系统工程建设。

5.4.3 微型热电联供系统燃料电池应用

表 5-11 为家庭用燃料电池系统的技术参数,运行方式如图 5-13 所示。2009 年,家庭用燃料电池的上市开创了全球先河。这种电池利用天然气、液化石油气或煤油提取氢气,输入燃料电池中发电。发电时产生的废热用来烧水,供洗澡和地暖使用,总能量效率超过 90%。家庭用燃料电池最初的总价格为 330 万日元,在上市的 5 年时间里,通过不断改进,其制造成本不断降低,主机价格在 2014 年已经低于 200 万日元,2015 年年底进一步降低到 160 万日元。

表 5-11 日本家庭用燃料电池系统技术参数

厂 商	松 下	东 芝	京 瓷 等
类型	质子交换膜燃料电池	质子交换膜燃料电池	固体氧化物燃料电池
发电输出功率/W	250~750	250~700	700
额定发电效率	40%	液化天然气:38.5%; 液化石油气:37.5%	46.5%
额定综合热效率	95%	94%	90%
运转方式	自动学习运转	自动学习运转	24 h 连续运转
单元外形尺寸/(mm × mm×mm)	1 883×315×480	1 000×780×300	935×600×335

续　表

厂　　商	松　下	东　芝	京　瓷　等
上市时间	2011 年 4 月	2012 年 3 月	2012 年 4 月
保修期/年	10	10	10
价格/万日元	276.15	260.4	275.1

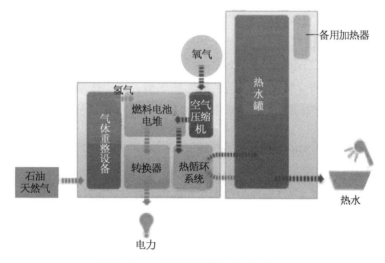

图 5-13　日本家庭用燃料电池运行示意图

微型热电联供技术是未来一个重要的解决方案,被认为是欧盟实现有关良好竞争力、可持续发展和能源安全供应等能源目标的关键支撑。目前,在全球微型热电联供方面,日本和欧洲走在前列。

Ene-Field 工程(图 5-14)在欧盟 12 个关键成员国的 1 000 户居民中部署了燃料电池热电联供系统,该项目联合了欧洲 9 家技术成熟的微型热电联供设备制造企业,在统一标准下对微型热电联供设备进行试验分析。该试验监测民

图 5-14　欧洲 Ene-Field 发电系统示意图及现场安装实物

居使用状况,并为欧洲各国的国内能源消耗和微型热电联供适用性生成非常有价值的数据库,包括最终的环境寿命周期评估和基于所有权的总成本评估。

Ene - Field 工程也汇集了超过 30 个的公共事业单位和住房供应商,以推广产品到市场中,并为微型热电联供技术的部署探究不同的商业模式,评估广泛推广微型热电联供部署的社会经济障碍,对政策方针发布明确的文件和说明,以支持进一步的商业推广。

日本新能源产业技术综合开发机构预测,微型热电联供市场在 2015 年前后主要以商用为主,而到 2025 年家用市场的规模将超过商用。目前,家用燃料电池系统的价格正在快速降低,如果保持现在的降价速度,在 2025 年,价格低于 50 万日元/kW 的产品有望上市,届时将实现广泛普及。如图 5 - 15 所示,美国能源部预测2018 年微型热电联供市场将以 27.2% 的复合年增长率发展,并将达到 153 MW。

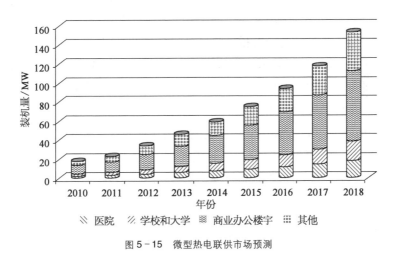

图 5 - 15 微型热电联供市场预测

5.4.4 可再生能源蓄能系统燃料电池应用

可再生燃料电池将电解池和燃料电池相结合,与风能、太阳能等可再生能源联用,使碳氢燃料通过系统循环实现再生,从而起到蓄能供电双重作用。

目前,可再生燃料电池主要被开发和应用于高空长航时太阳能飞行器、太空船的混合能量存储推进系统,也可适用于偏远地区不依赖电网的储能系统、电网调峰的电源系统及便携式能量系统等。东芝公司于 2015 年 3 月宣布启动独立型氢能源供给系统示范运营。独立型氢能源供给系统是一个基于可再生能源的独立能源供应系统,融合了光伏发电装置、蓄电池、电解水制氢装置、储氢罐、水箱及燃料电池。利用光伏发电装置产生的电能来电解水并制成氢气,每小时最高氢产量 1 m³,

氢气消耗速率 2.5 m³/h,氢气罐最大存储容量 33 m³,40℃热水最高供应能力75 L/h,光伏设备功率 30 kW,燃料电池最大输出功率 3.5 kW,蓄电池容量 350 kW·h。

5.5　大功率燃料电池应用发展瓶颈

　　氢燃料电池汽车是当前国内氢燃料电池的主要应用领域,本部分从车用氢燃料电池切入探讨燃料电池大功率应用发展瓶颈。

　　燃料电池汽车逐渐从规模示范过渡到商业化运行,以丰田 Mirai、本田 Clarity、现代 Nexo 为代表的率先商业化的燃料电池汽车在性能等方面已经达到了传统燃油车水平,乘用车的燃料电池功率级别一般在 100 kW 左右,商用车的燃料电池功率输出在 30~200 kW。上汽大通汽车有限公司的 FCV80 汽车是我国第一个开始销售的燃料电池汽车,其他车厂也纷纷推出燃料电池公告产品,从车型来看,大多集中在商用车,从功率级别看,国内车用燃料电池堆主要以 30~50 kW 为主,功率等级普遍低于国际同类燃料电池汽车,其原因从表面上看是企业在迎合财政补贴门槛,但从深层次方面看是我国与国际先进水平还有一定的距离(无论是目前引进的电堆还是本土电堆)。可见,大功率燃料电池应用发展瓶颈主要在比功率技术上。

　　提高功率密度,可以显著提高燃料电池总功率。另外,从降低成本的角度,提高功率密度可以降低燃料电池材料、部件等硬件消耗,进而可以显著地降低燃料电池成本。

　　提高燃料电池的功率密度需要从提高性能与减小体积两方面着手。在性能方面,从燃料电池极化曲线(图 5-16)分析可知,通过降低活化极化、欧姆极化、

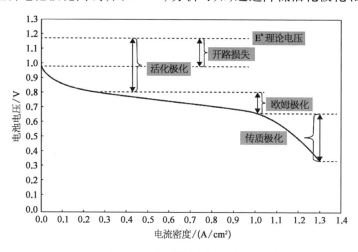

图 5-16　典型燃料电池极化曲线

传质极化等多方面入手提高燃料电池性能,就需要改进催化剂、膜、双极板等关键材料的性能,保障电堆的一致性等;在体积方面,需要降低极板等硬件的厚度,提高集成度等。

5.5.1 高活性、高稳定性催化剂与电极

从燃料电池极化曲线可以看出,提高燃料电池性能首先要降低活化极化,而活化极化主要与催化剂活性密切相关。燃料电池在反应过程中,由于氧还原反应(ORR)的交换电流密度远低于氢氧化反应(HOR),一般极化损失主要来自阴极侧(空气侧)。因此,研究焦点是提高阴极侧催化剂的活性。目前,质子交换膜燃料电池中常用的商用催化剂是铂碳催化剂(Pt/C),是由 Pt 的纳米颗粒分散到碳粉(如 XC-72)载体上的担载型催化剂,实际使用测试发现这种商用催化剂在活性、稳定性等方面都存在一定不足。美国能源部(DOE)催化剂指标见表 5-12,研究者通过 Pt 晶面控制、Pt-M 合金催化剂、Pt-M 核壳催化剂、Pt 表面修饰、Pt 单原子层催化剂等多种途径探索高活性、高稳定性催化剂的解决方案,在这些研究中目前可以实际应用的只有 Pt-M 合金催化剂。

表 5-12 美国能源部(DOE)设定的催化剂技术指标

特 征 参 数	2020 年目标
铂族金属总量(两极总和)	0.125 g/kW
铂族金属(PGM)总载量	0.125 mg PGM/cm^2 电极面积
初始催化活性损失	<40%质量活性损失
电催化剂载体稳定性	<10%质量活性损失
质量活性	0.44 A/mg Pt@ 900 mV$_{IR-free}$

Pt-M 催化剂是 Pt 与过渡金属形成的合金催化剂,通过过渡金属催化剂对 Pt 的电子与几何效应,在提高稳定性的同时,质量比活性也有所提高;同时,降低了贵金属的用量,使催化剂成本也得到大幅度降低。如 Pt-Co/C、Pt-Fe/C、Pt-Ni/C 等二元合金催化剂,展示出了较好的活性与稳定性。Chen 等人利用铂镍合金纳米晶体的结构变化,制备了高活性与高稳定性 Pt_3Ni 纳米笼催化剂,其质量比活性与面积比活性分别提高 36 倍与 22 倍。在 Pt 合金催化剂应用方面,丰田汽车公司披露了在所发布的商业化燃料电池汽车 Mirai 上就是采用了 Pt-

Co 合金催化剂,使其催化剂活性提高了 1.8 倍。中国科学院大连化物所开发的 Pt_3Pd/C 催化剂已经在燃料电池电堆得到了验证,其性能可以完全替代商品化催化剂;此外,大连化物所还研制出了超小 PtCu 合金催化剂[115],其质量比活性是目前 Pt/C 的 3.8 倍;PtNi 纳米线合金催化剂[116]质量与面积比活性分别达到 Pt/C 的 2.5 倍和 3.3 倍(图 5 - 17),展示了较好的应用前景。

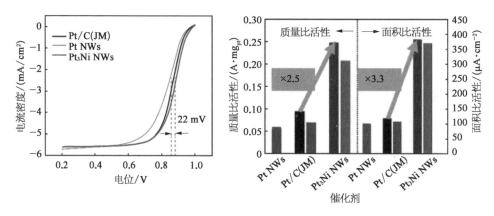

图 5 - 17   PtNi 纳米线合金催化剂

目前,针对 Pt - M 催化剂,需要解决燃料电池工况下过渡金属的溶解问题,金属溶解不但降低了催化剂活性,还会产生由于金属离子引起的膜降解问题。因此,提高 Pt - M 催化剂的稳定性问题还需要进一步研究。

除了提高催化剂活性、减少活化极化外,电极结构对性能提升也非常重要。电极通常由扩散层与催化层组成,设计合理的电极结构有利于降低欧姆极化与传质极化。电极的发展趋势是利用进一步减薄催化层厚度来提高反应效率,提高气体扩散层的传质通量,改善传质过程,进而提高电极的极限电流密度,使工作电流提升达到 $2.5 \sim 3 \ A/cm^2$ 或更高。丰田汽车公司的 Mirai 燃料电池堆就是采用了薄的低密度扩散层,明显地减少了欧姆极化与传质极化,使工作电流密度得到大幅提升。

5.5.2   增强复合薄膜

从图 5 - 16 可见,提高性能除了要通过提高催化剂活性降低活化极化外,随着电流增大,伏安曲线直线段的斜率主要是欧姆极化决定的,其中膜的欧姆极化占有主要份额。为了提高性能,目前车用质子交换所用的膜逐渐趋于薄型化,由几十微米降低到十几微米或以下,以降低质子传递的欧姆极化,获得较高的性能。但是薄膜在车载运行工况下(如操作压力、干湿度、温度等操作条件的动态变化)更容易受到机械损伤与化学降解。复合膜是由均质膜改性而来的,它利用均质膜的树脂与有机或无机物复合使其比均质膜在某些功能方面得到强化。因此,增强复合薄膜是薄膜应用的主要解决方案。增强复合膜既保证了薄膜的性能又使其机械强度及化学耐久性得到强化,其实现的技术途径一是机械增强;二是化学增强(图5-18)。

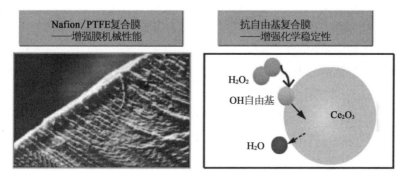

图 5-18　增强复合膜技术途径

　　机械增强膜如以多孔薄膜(如多孔 PTFE)或纤维为增强骨架、浸渍全氟磺酸树脂制成复合增强膜,分布于贯穿多孔膜之间的树脂保证了质子传导,多孔基膜使薄膜的强度提高,同时尺寸稳定性也有大幅改善,如美国高尔公司的复合膜、中国大连化物所的专利技术 Nafion/PTFE 复合增强膜和碳纳米管增强复合膜等。化学增强是为了防止由于电化学反应过程中自由基引起的化学衰减,加入自由基淬灭剂可以在线分解与消除反应过程中的自由基,提高耐久性。大连化物所采用在 Nafion 膜中加入 1 wt. %的 $Cs_xH_{3-x}PW_{12}O_{40}/CeO_2$ 纳米分散颗粒制备出了复合膜,利用 CeO_2 中的变价金属可逆氧化还原性质淬灭自由基,$Cs_xH_{3-x}PW_{12}O_{40}$ 的加入在保证了良好质子传导性的同时还强化了 H_2O_2 催化分解能力。南京大学在质子交换膜中加入抗氧化物质维生素 E,其主要成分 α-生育酚不仅能够捕捉自由基变为氧化态,而且能够在渗透的氢气帮助下,重新还原,从而提高了燃料电池寿命。

5.5.3　双极板流场与材料

　　双极板是燃料电池的重要部件,其作用是支撑膜电极并具有传导电子、分配反应气并带走生成水。因此,双极板在燃料电池性能方面,除了影响欧姆极化外还会影响传质极化。

　　从降低欧姆极化方面考虑,双极板要具有良好的电子传导性。目前常用的双极板包括石墨材料、石墨复合材料、金属材料,这三种双极板材料均具有良好的导电性,但针对不同的应用场景要有一些特殊考虑。纯石墨双极板导电性好,但通常要机械雕刻出流道,加工效率低、成本高,是第一代双极板技术,已逐渐被取代。石墨复合材料通常是采用碳粉与树脂等组分按一定比例混合制成的,可以通过模压方法加工流场,具有良好的经济性;但树脂等非导电性物质的加入会在一定程度上影响导电性,尤其是在大电流密度下表现明显,不利于提高功率密度;因此,石墨复合材料要在保证双极板的致密性、可加工性基础上尽可能提高导电性。

金属是电与热的良导体,其作为双极板材料得到越来越普遍的应用,尤其是车辆空间限制(如乘用车),要求燃料电池具有较高的功率密度。薄金属双极板以其可以实现双极板的薄型化及本征的优良导电特性,成了提高燃料电池功率密度的首选方案;目前各大汽车公司大都采用金属双极板技术,如丰田、本田、现代等。金属双极板技术的挑战是使其在燃料电池环境下(酸性、电位、湿热)具有耐腐蚀性且对燃料电池其他部件与材料的相容无污染性。目前常用的金属双极板材料是带有表面涂层的不锈钢或钛材。针对燃料电池不锈钢双极板表面耐腐蚀涂层技术,国内外进行了大量的学术研究工作,其涂层材料要保证耐腐蚀、导电兼备性能,代表性的涂层材料见表4-13。总体来说,表面涂层材料可以分为金属、金属化合物与碳涂层三类;金属类包括贵金属及金属化合物。贵金属涂层,如金、银、铂等,尽管成本高,但由于其优越的耐蚀性及与石墨相似的接触电阻使其在特殊领域仍有采用。为了降低成本,处理层的厚度尽量减薄,但是要避免针孔。金属化合物涂层是目前研究较多的表面处理方案,如 $Ti-N$,$Cr-N$,$Cr-C$ 等[117]表现出较高的应用价值。除了金属类涂层以外,在金属双极板碳类膜方面也有一定探索,如石墨、导电聚合物(聚苯胺、聚吡咯)及类金刚石等薄膜,丰田汽车公司的专利技术(US2014356764)披露了具有高导电性的 SP^2 杂化轨道无定型碳的双极板表面处理技术。

除了涂层材料,涂层的制备技术也是提高其耐蚀性、保证导电性的重要因素。涂层要做到无针孔、无裂痕等;金属双极板表面处理层的针孔是双极板材料目前普遍存在的问题,由于涂层在制备过程中的颗粒沉积形成了不连续相,从而导致针孔的存在,使得在燃料电池运行环境中通过涂层的针孔发生了基于母材的电化学腐蚀。另外,由于涂层金属与基体线胀系数不同,在工况循环时发生的热循环会导致微裂纹,也是值得关注的问题,选用加过渡层方法可以使问题得到缓解。大连化物所与大连理工大学合作进行了金属双极板表面改性技术的研究,采用了脉冲偏压电弧离子镀技术制备多层膜结构[118],结果表明多层结构设计可以提高双极板的导电、耐腐蚀性。

合理的双极板流场设计与布局,可以起到降低传质极化作用,有利于提高大电流密度下的性能,进一步提高电堆的功率密度。丰田汽车公司在 Mirai 燃料电池汽车电堆中推出了 3D 流场新型设计理念(图 5 - 19),改变了传统蛇型、平行沟槽型的 2D 流场构型,使流体有垂直于乙醇胺(MEA)气体扩散层与催化层的分量,反应物与生成物不是单纯依靠浓差扩散到达与脱离反应界面,而是有强制对流作用,极大地改善了燃料电池传质推动力,性能得到显著提升。此外,这种 3D 流场具有一定的储水功能,有利于燃料电池运行时的湿度调整,可以提高低增湿下燃料电池性能。

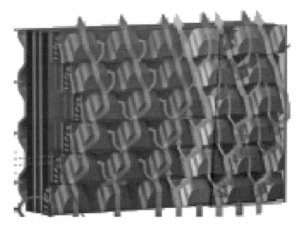

图 5 - 19　Mirai 电堆 3D 流场示意图

随着化石燃料的资源有限和大量开采,当今世界新能源的开发迫在眉睫。氢燃料电池因其高效率、高可靠性、运行无噪声等特点,广泛应用于电动汽车的动力电源领域及集中式或分散式电站;为商场、医院、酒店、工厂车间等诸多场所提供电能和实现热电联产等。

从燃料电池分布式热电联供系统到燃料电池汽车动力源,再到微型电源,燃料电池的应用几乎涉及电力需求的每一个方面。目前,燃料电池的技术瓶颈已经基本解决,与此同时,由于世界各国对于节能减排和电力安全的要求日益提高,以及燃料电池成本的降低,市场对于燃料电池分布式电站、车用燃料电池系统和便携式电源方面的需求不断增长。燃料电池在分布式能源应用领域有着巨大的发展前景。

中国对于燃料电池的研究起步较晚,在燃料电池电极、电解质以及催化剂等主要核心部件及材料的研发方面较行业领先国家还有一定的差距。通过对行业领先国家的氢燃料电池产业的发展历程和共性问题进行研究,可以给中国氢燃料电池产业发展进程完善思路和提供创新想法,促进中国氢燃料电池更好、更快发展。目前看来,我国的燃料电池距离大规模使用还有很长的路要走,主要受限于制造和使用成本较高、制氢和氢能储运技术不成熟等问题。相信随着燃料电池和氢能源技术的不断提高与发展,同时在国家和政府的大力支持下,有望实现 2030 年大规模推广及 2050 年普及应用。

6. 氢动力集成系统应用技术

6.1 氢燃料燃气轮机技术

2015 年由近 200 个国家参与的巴黎气候大会通过了《巴黎协定》,旨在将全球平均气温升幅控制在 2℃ 以内,争取控制在 1.5℃ 以内,以此来应对人类活动带来的气候变化问题。2020 年第 75 届联合国大会上,中国提出力争在 2060 年前实现碳中和。国内多家研究机构对近期能源转型时期及远期碳中和时期的能源发展路径及能源结构进行了深入探讨和研究。《中国 2030 年能源电力发展规划研究及 2060 年展望》报告结论显示,2060 年我国电力总装机容量约 8.0 TW,其中风电及光伏合计约 6.3 TW,成为电网中的绝对主力电源,氢燃料发电预计装机达到 0.25 TW,其在电网中主要起调峰作用。

可再生能源的规模化发展及快速增长的调峰需求将会促进氢燃料发电的发展,进而成为电源侧重要的灵活性电源之一。大规模氢燃料发电的关键设备是氢燃料燃气轮机。氢燃料燃气轮机的应用可以提高可再生能源率、平复电网波动、减少 CO_2 排放,有助于减少能源进口,降低发电成本。世界主流燃气轮机制造商均将氢燃料燃气轮机技术作为研发重点,大力使用煤气化合成气之类的富氢燃料乃至纯氢作为燃料。近年来,通用电气公司、西门子能源公司、三菱日立动力系统公司和安萨尔多能源公司等已将开发可燃烧 100% 氢燃料的大功率燃气轮机提上了日程,计划在 2030 年左右实现 100% 燃氢。

根据氢气的来源,通常将氢气分为灰氢、蓝氢和绿氢 3 类,目前市场上的氢气主要是灰氢,由煤提炼而来,制取技术成熟且可大规模生产,但在制取过程中会产生大量的碳,因此并不是理想的未来能源。蓝氢则是在灰氢基础上增加 CCS 碳捕集装置而制取得到的氢气。绿氢才是真正意义上的绿色能源——可再生能源转换为绿氢实现大规模长时间存储,通过氢燃料燃气轮机实现低碳或零碳发电。

6.1.1 氢燃料燃气轮机技术研究现状

1) 含氢燃料特性研究

干式贫预混燃烧技术是目前重型燃气轮机中主要应用的低 NO_x 控制技术[119]。贫预混燃烧的火焰稳定性较差,还可能出现振荡燃烧和熄火等问题,需要在燃气轮机燃烧器设计和运行时重点关注。氢气是一种反应活性较高的气体,天然气中加入氢气可以扩展燃料贫燃极限,保障燃烧的稳定性,同时不影响 CO 和 HC 的排放。近年来,国内外学者对混氢天然气有一些研究、测试及应用试验,天然气中的主要成分为甲烷,甲烷含量会影响不同氢气含量的测试结果。美国 DENVER 项目的测试结果显示,5%质量分数氢气与天然气的混合燃料可以使碳氢化合物、CO_2 和 NO_x 排放降低 30%~50%,同时氢气含量的增加也会降低 CO_2 的排放。美国国家可再生能源实验室对含氢天然气燃料进行了研究,结果表明在天然气中掺入 20%的氢气可以降低 50%的 NO_x 排放。

氢气的加入会导致传统碳氢燃料的物理和化学性质发生较大变化,氢气会拓宽传统碳氢燃料的可燃范围,加快燃料的火焰传播速度,提高燃料湍流燃烧中的燃烧速度,避免局部熄火。在燃气轮机中,火焰速度是判断燃烧室是否存在火焰从燃烧区上游传播到预混区(靠近燃料喷嘴)现象的一个重要指标。在旋流稳定的燃烧室中,向天然气中加入氢气,轴向动量的增加及流动旋流度的降低,使得燃烧回流强度被削弱,回流量减少,但使火焰锋面褶皱加剧,火焰面的面积增加,燃烧速度加快。绝热和完全燃烧条件下,氢燃料的火焰温度比天然气高近 300℃,而且层流火焰速度是天然气的 3 倍以上,但是着火延迟时间却比天然气低 3 倍以上(着火延迟是指燃料与空气混合物在其温度高于燃料着火温度的情况下并不立即着火燃烧的一种现象),因此控制燃氢火焰温度的难度要高得多。

2) 适应含氢燃料的燃气轮机结构研究

氢气的加入向干式低排放燃烧技术提出了特殊的挑战,燃气轮机设计工况及燃烧室设计因氢气含量不同而有差异。一般的燃气轮机是按照标准燃料(如天然气等)设计的,由于氢气的热值、火焰传播速度、密度、比热容等不同于天然气,当燃烧室用于燃烧氢气时,需要对燃烧室结构进行调整,如腔体大小、射流孔及掺混孔位置等。

氢的低位热值为 10.8(标准状态,下同)或 120 MJ/kg。相比之下,纯甲烷的低位热值为 35.8 MJ/m³ 或 50 MJ/kg。氢的质量能量密度是甲烷的 2 倍,但从体积上看,氢的能量密度约为甲烷的三分之一,因此需要 3 倍体积的氢气提供与甲烷相同的热量。一般而言,特定燃烧系统匹配特定火焰速度范围的燃料,由于甲烷和氢气在火焰速度上的显著差异,用于甲烷(或天然气)的燃烧系统可能不适合用于高富氢燃料。典型的干式低排放燃烧系统可以适应少量的氢,但这些燃烧系统无法处理中、高富氢燃料。燃用高富氢燃料需要为不同燃烧条件专门设计的燃烧室、新的燃料辅助管道和阀门,另外可能需要升级燃气轮机外壳和通风系统等。

　　干式低排放燃烧室通常使用基于稀预混燃烧技术的常规旋流式预混喷嘴,但是该燃烧室燃用富氢燃料时易发生喷嘴内部自燃和回火问题。针对富氢燃料开发低排放燃烧装置,贫燃料直接喷射技术应运而生,贫燃料直接喷射技术可以避免预混过程中的自燃和回火问题,但不均匀混合会导致火焰局部高温,一定程度上增加 NO_X 排放。V. McDonell 等人根据"多点喷射、多点燃烧"理念,研制了富氢燃料微小混合喷嘴,对喷嘴的机械结构进行了精巧设计,实现燃料与空气的分层喷射,使得燃料与空气的接触面积增大,强化了着火前燃料与空气的混合,即使燃烧温度达到 1 577℃,NO_X 排放量仍可控制在 20 mg/m³(氧量15%)以下。采用微小喷嘴的单个燃烧室需要配置上百个贫燃料直接喷射喷嘴,在燃烧室结构和燃料控制策略上与现有燃气轮机有较大差异。于宗明等人基于阵列驻涡燃料空气预混的概念,设计了阵列驻涡预混喷嘴,利用模型实验研究了甲烷、合成气(CO、H_2、CO_2)和不同氢气含量的 $H_2 - N_2$ 混合气体在燃烧室的性能。结果表明,采用阵列驻涡预混喷嘴的干式低排放技术可以在 F级燃气轮机燃用富氢燃料,运行安全且噪声较低,多数工况下 NO_X 排放低于50 mg/m³(氧量 15%)。

　　使用氢燃料还面临着与整体安全相关的操作风险。首先,氢火焰的亮度很低,肉眼难以发现,这就需要设置专门的氢火焰检测系统;其次,氢气具有比其他气体更强的渗透性,原天然气输送采用的传统密封系统可能需要用焊接来连接或用其他适当的组件来取代;第三,氢气比甲烷更易燃易爆,相比甲烷而言,氢气的爆炸极限范围宽得多。因此,氢气泄漏会增加安全风险,需要考虑改变操作程序及防爆危险区域划分等问题。

6.1.2　氢燃料燃气轮机研究进展

　　限制 CO_2 排放已成为全球共识,传统以天然气为燃料的燃气蒸汽联合循环发电是一种清洁低碳电力,但化石能源的属性一定程度上影响了其未来的市场空间,氢能的发展及氢能未来在能源行业的应用前景使得各大燃气轮机厂商看到了新的业务方向。电力行业在未来几十年里将进行深度脱碳,全球主要燃气轮机厂商正在开发可燃用高富氢燃料的燃气轮机,通过先进的燃烧室设计技术,使未来的燃气轮机可以燃烧纯氢燃料。

2019 年以来,三菱日立动力系统公司、西门子能源公司、安萨尔多能源公司和通用电气发电公司等主要燃气轮机厂商均针对氢燃料燃气轮机推出了相应的发展计划,开启了富氢燃料甚至是纯氢燃料燃气轮机的研究、开发、优化、测试及示范应用工作。

1）三菱日立动力系统公司

三菱日立动力系统公司认为借助氢燃料燃气轮机可以推动全球实现以可再生能源为基础的"氢能社会",该公司希望在以往含氢燃料燃气轮机设计及制造的经验积累上,通过进一步的投入及研发,未来 10 年内能够实现燃气轮机燃烧纯氢燃料的目标。

自 1970 年以来,三菱日立动力系统公司业已为客户生产制造了 29 台氢气含量 30%~90% 的氢燃料燃气轮机,总运行时间已超过 3.5×10^6 h。在保证燃气轮机高热效率的同时保持低 NO_x 排放,是氢燃料燃气轮机技术的关键。相比天然气,氢气的火焰传播速度更快,富氢燃料的火焰更靠近喷嘴,有回火风险,燃烧过程中放热与压力释放耦合易产生燃烧振荡。为解决以上问题,三菱日立动力系统公司提出将开发干式低排放技术和注水/主蒸汽技术结合的燃烧室,在保证低 NO_x 排放的同时实现较宽的燃料适应范围,使燃烧器能够燃烧富氢燃料。2018 年,该公司开展了大型氢燃料燃气轮机测试,氢气含量 30% 的氢燃料测试结果表明,新开发的专有燃烧器可以实现富氢燃料的稳定燃烧,与纯天然气发电相比可减少 10% 的 CO_2 排放,联合循环发电效率高于 63%。该公司认为,已在运行的燃气轮机仅通过燃烧器的升级改造即可实现燃烧富氢燃料,控制用户燃料转换的成本。

2）西门子能源公司

与三菱日立动力系统公司相似,西门子能源公司在氢燃料燃气轮机开发方面需要解决的关键问题也是 NO_x 低排放和回火控制问题,但是与三菱日立动力系统公司不同的是,西门子能源公司仍将在氢燃料燃气轮机中继续采用干式低排放技术。西门子常规旋流稳定火焰结合贫燃料预混燃烧的干式低 NO_x 排放技术可以适应氢气含量 50% 的氢燃料。柏林清洁能源中心在 SGT-600 及 SGT-800 上的测试结果表明,氢气含量 60% 的氢燃料稳定燃烧是可行的,但是燃烧纯氢燃料时则需要进行新的燃烧室设计并对控制系统进行修改。增材制造技术为西门子氢燃料燃气轮机干式低 NO_x 排放燃烧室的设计与制造提供了新的工具及手段,可以完成更复杂精巧的燃烧室设计,突破原来燃烧科学上的一些限制,同时减少燃烧室的重量及制造时间。2019 年该公司用纯氢燃料对优化设计的燃烧室进行了测试,结果表明针对纯氢燃料优化设计的燃烧室还不具备很好的 NO_X 低排放特性,该技术还需要进一步的研究。该公司计划 2030 年实现采用干式低 NO_X 排放技术的燃气轮机均具备燃用纯氢燃料能力。

3)安萨尔多能源公司

安萨尔多能源公司开展了一系列的燃烧室测结果证明其燃气轮机可以燃用纯氢燃料。该公司通过开发可适应不同燃料的先进燃烧系统,使燃气轮机具备燃烧富氢燃料的能力,例如为 F 级 GT26 燃气轮机和 H 级 GT36 燃气轮机开发的顺序燃烧系统。该公司可为在运行的 F 级燃气轮机进行氢燃料转换的改造,使现役 F 级燃气轮机也具备燃氢能力。该公司还将针对 GT36 开展纯氢燃料适应性测试。

4)通用电气发电公司

通用电气发电公司 1990 年以前就研发了能够适应富氢燃料的燃烧器,并应用在航改型燃气轮机和 B、E 级重型燃气轮机上。环形燃烧器在超过 2 500 台的航改型燃气轮机上得到应用,该燃烧器可以适应氢气含量 30%~85% 的富氢燃料;安装在超过 1 700 台重型燃气轮机上的多喷嘴静音燃烧器也具备高富氢燃料的适应能力,在其他气体均为惰性气体(氮气或者蒸汽等)的情况下,可以燃烧氢气含量 43.5%~89% 的富氢燃料。该公司评估了多喷嘴静音燃烧器对高富氢燃料的适应情况,结果表明燃烧纯氢燃料是可行的,多喷嘴静音燃烧器可以燃用氢气含量高达 90%~100% 的富氢燃料。

通用电气发电公司现役重型燃气轮机也能适应一定范围内的富氢燃料:GE 的 6B、7E 和 9E 燃气轮机的干式低 NO_X 燃烧系统能够在燃料中含有少量氢的情况下运行,在与天然气混合时,氢气含量可达 33%;DLN2.6+燃烧器可以在氢气含量 15% 的情况下正常工作;9H 机组的 DLN2.6e 燃烧器采用先进预混技术,并且使用了增材制造技术,该燃烧器可以燃用氢气含量约 50% 的富氢燃料。

燃气轮机厂商氢燃料燃气轮机研究进展总结见表 6-1。

表 6-1 燃气轮机厂商氢燃料燃气轮机研究进展

公 司	可适应氢气含量范围	主要解决的问题	机 型
三菱日立动力系统公司	30%~90%	NO_X 排放及回火问题	M701F/J
西门子能源公司	60% 以下	NO_X 排放问题,增材制造	SGT-600/SGT-800

公　　司	可适应氢气含量范围	主要解决的问题	机　型
安萨尔多能源公司	0~100%	开发先进燃烧系统	GT26/GT36
通用电气发电公司	0~100%	环形燃烧器、多喷嘴燃烧器,增材制造	6B/7E/9E/9H

6.1.3　氢燃料燃气轮机在新能源中的定位与作用

在过去 20 多年中,全球燃气轮机机组的安装数量增加了 2 倍,燃气发电市场保持持续增长但是增速不高。燃用混氢或者纯氢燃料使新型和现有燃气轮机实现从化石能源向低碳能源过渡,对于燃气轮机的未来市场前景具有重要意义。减少传统发电资产、控制碳排放的愿景推动了可再生能源发电的增长,但是可再生能源发电大量并网存在的一个问题是缺乏可调度性;如果不增加储能或增强灵活性电源发电能力,可再生能源的增加会给电网造成压力。可再生能源快速发展时期,天然气发电作为调峰电源仍有较大发展空间,氢灵活存储及输送技术将会得到大力发展,为大功率工业燃气轮机提供氢燃料,氢燃料燃气轮机燃烧时不会产生任何碳排放,将是火力发电技术的重要发展方向。

储存波动的可再生能源是能源转型的主要挑战之一。可利用剩余的电力电解水生产氢气,从而将"绿氢"存储起来,并在后续需要用电的时候使用基于氢燃料燃气轮机的燃气蒸汽联合循环进行发电。通过打通发电到制氢再到发电的所有技术环节,在可再生能源发电高峰时期,将多余电力制成氢气存储,然后在电力需求旺盛时又通过氢燃料燃气轮机发电上网,从而实现真正的绿色能源。

将新能源与氢进行耦合以减少大量新能源接入电网时因发电不稳定产生的冲击,是解决可再生能源波动性和不可控性问题的方法之一。赵军超等人考虑氢储能与超级电容器储能结合,构建了风氢与氢燃料燃气轮机耦合系统模型,基于风电场实测数据,通过仿真模拟手段验证了这样的储能系统配置能够实现新能源电力的友好接入。

考虑到可再生能源使用的显著增长,有可能利用过剩的可再生能源来支持氢动力系统。美国国家可再生能源实验室正在通过整合风力发电、光伏发电和生产氢的电解槽系统,研究新能源发电转氢的技术可行性。ITM Power 公司在欧洲有多个小型装置,已经实现通过可再生能源制取氢气进而发电。

6.1.4　氢燃料燃气轮机发电示范项目情况

使用 E 级和 F 级燃气轮机的多个整体煤气化联合循环装置在全球范围内已投入商业运行,包括 Tampa 电站、Duke Edwardsport 电站和 Korea Western Power TaeAn 电站。韩国的大山精炼厂使用 6B. 03 燃气轮机燃用氢气含量 70% 的氢燃料超过 20 年,最大氢气含量超过 90%[120],到目前为止,该装置已累计使用富氢燃料超过 104 h。Gibraltar-San Roque 炼油厂采用 6B. 03 燃气轮机,以不同氢气含量的炼油厂燃料气为燃料,如果燃料中氢气含量超过 32%,则将炼油厂燃料气与天然气混合。截至 2015 年,该燃气轮机已经运行了超过 9 000 h。意大利国家电力公司的富西纳电厂自 2010 年起就开始使用一台 11 MW 的 GE-10 燃气轮机燃用氢气含量 97.5% 的氢燃料。美国的陶氏铂矿工厂于 2010 年开始在 4 台配备 DLN2.6 燃烧系统的 GE7FA 燃气轮机燃用 5∶95(体积比)混合的氢气和天然气混合物。

三菱日立动力系统公司计划在 2023 年将瓦腾福公司装机容量 1.3 GW 的马格南电厂 3 套联合循环机组中的 1 套机组改造成氢燃料机组,在该厂的 M701F 燃机上应用新的干式低排放技术,使其具备燃烧纯氢燃料的能力,同时保证维持同样的 NO_X 排放水平。

世界上首个可再生能源制氢与燃氢发电相结合的示范工程 HYFLEXPOWER 项目 2020 年正式启动。该电厂将采用西门子能源公司基于 G30 燃烧室技术的 SGT-400 工业燃气轮机,径向旋流器预混设计使燃烧室具备更大的燃料适应性。该示范项目旨在探索从发电到制氢再到发电的工业化可行性,证明通过氢气生产、存储再利用的方式可以解决可再生能源波动性问题。

氢燃料燃气轮机示范项目见表 6-2。

表 6-2　氢燃料燃气轮机示范项目

公　　司	示 范 项 目	燃料中氢气含量	机　型
通用电气发电公司	Tampa 电站、Duke Edwardsport 电站、Korea Western Power TaAn 电站	20% ~ 50%	B/E 级
	韩国的大山精炼厂	90% 以下	6B. 03
	Gibraltar-San Roque 炼油厂	32% 以下	6B. 03
	富西纳电厂	97.5% 以下	GE-10
	陶氏铂矿工厂	5%	7FA

公　　司	示　范　项　目	燃料中氢气含量	机　　型
三菱日立动力系统公司	瓦腾福公司(2023 年)	100%	M701F
西门子能源公司	HYFLEXPOWER	100%	SGT-400

6.1.5 制氢技术及氢燃料发电经济性

目前我国氢气主要来自化石能源天然气和煤,氢气制备工艺主要有天然气制氢、水煤气制氢、工业副产氢、电解水制氢等。其中,天然气制氢主要由天然气和蒸汽催化转化、氢气吸附提纯两部分组成,工艺较为成熟,除在工厂规模化生产外,还能设计成小型化撬装制氢设备供加氢站使用;水煤气制氢工艺流程较长,装置规模普遍较大,可进行大规模量产,我国煤炭资源相对丰富且价格较低,氢气制备主要采用水煤气制氢工艺,技术较为成熟;工业副产氢是我国氢气的另一主要来源,可从石化、焦化、合成氨、发酵等行业副产物中提取氢气;电解水制氢可与可再生能源发电相结合,通过氢能的存储和再利用克服可再生能源波动性问题,在未来以新能源为主的能源结构中具有广阔的应用前景,是目前主要研究和发展的技术方向。

根据测算:如采用煤炭和天然气制氢,假定 23 022 kJ/kg 煤炭价格为 640 元/t,天然气价格为 2.3 元/m^3,氢气产品的价格分别为 0.95 元/m^3 和 1.20 元/m^3;假定燃用氢燃料后燃气蒸汽联合循环的发电效率保持不变,按照 F 级燃机发电效率分别估算天然气发电、煤制氢发电、天然气制氢发电的燃料度电成本分别为 0.438 元/(kW·h)、0.597 元/(kW·h) 及 0.754 元/(kW·h),化石能源制氢发电的燃料度电成本已远高于平价上网的风电及光伏电价。如需满足未来零碳排放要求,二氧化碳捕集及封存(CCS)的成本将会进一步增加发电成本,因此结合 CCS 的化石能源制氢发电不是未来的主流发展方向。

氢燃料发电发展前景将深度依赖可再生能源发电及可再生能源电解水制氢技术的发展。目前电价下电解水制氢的成本较高,约为 1.8～3.6 元/m^3(不同区域制氢电价不同)。预计 2025 年之后,伴随新能源发电占比的持续提升,通过富余新能源电力制氢,可将电解水制氢的成本降至 1.35 元/m^3 以下,预计 2040 年后进一步下降至 0.90 元/m^3 左右。规模效应对于新能源发电制氢成本的影响较为明显,因此区域集中式大规模制氢将是中长期新能源电力制氢成本下降的主要路线。

使用富余新能源电力生产的"绿氢"进行氢燃料发电,在实现发电零碳排放的同时为大规模新能源电力接入提供调峰服务,通过氢能存储及氢燃料发电这一途径间接实现了新能源电力的自我调峰,建立了新能源发展的良性循环,有利于我国碳中和目标的顺利实现。

国内外学者及主要燃气轮机厂商均对混氢/纯氢燃料用于燃气轮机开展了一些研究、试验及示范应用工作,已经取得一定的技术突破和少量的实际应用经验。全球对氢燃料燃气轮机的研究还处于起步阶段,氢燃料发电未来规模化应用还面临较多问题需要解决,包括:高效、稳定富氢燃料干式低氮燃烧器的开发,保障氢燃料燃气轮机的高效率及 CO、NO_x 的低排放;集中式可再生能源发电结合更高效率的电解水制氢技术形成规模化、低成本"绿氢"生产基地,为氢燃料发电提供充足且有价格竞争力的氢气;氢气存储及输送系统得到充分的升级与更新,保障氢气存储及运输安全,同时降低中间环节成本。当可再生能源制氢、储氢、输氢及氢燃料发电各个环节的技术成熟后,氢燃料发电因其零碳、低 NO_x 排放、灵活可控等优势,必将成为碳中和时期以新能源为主的新型电网中重要的灵活性电源之一

6.2 氢内燃机技术

为达成运输板块碳中和,重卡行业内已基本达成共识:未来,纯电动卡车和氢燃料电池卡车将全面取代柴油卡车。但在此之前的数十年,由可持续生物燃料和氢气等替代燃料提供动力的内燃机将占据相当一部分市场份额。一方面,目前的纯电动和燃料电池技术尚未准备好满足许多重型车辆在恶劣条件下(尤其是非铺装道路)所需的高功率要求,例如采矿卡车,而氢内燃机恰恰适用于这些应用场景。另一方面,如何继续利用现有的内燃机技术和生产设施也是当前面临的严峻课题,已经有一些重卡主机厂和发动机供应商将开发的目标瞄准了氢内燃机,期待着此举能够延长内燃机的寿命。

氢内燃机可以采用零碳燃料,且与现有车辆相兼容。因其对车辆改动很少,具有初始应用成本较低、车辆续驶里程长、加氢时间短、动力总成安装通用性强及最终用户熟悉程度高等优势,氢内燃机在车辆上的应用有望进一步提前。

6.2.1 氢内燃机的特点

氢气可以在与当前柴油发动机基本相同的内燃机中燃烧。虽然氢内燃机仍

会排放氮氧化物(NO_x),需要进行类似于柴油发动机的后处理,但一些氢内燃机生产商认为,氢内燃机的运行条件可实现比柴油发动机低得多的 NO_x 生成,因此可以认为是零影响。事实上,由于废气处理要求较低,它们可能比柴油发动机更便宜,但仍需进一步研发。

1)氢内燃机的优势

氢内燃机使用绿氢时可实现 CO_2 零排放;使用蓝氢时有一定的 CO_2 排放;采用选择催化还原(SCR)后处理时可控制 NO_x 排放水平;原理及结构类似柴油机(但需要储氢罐);与传统柴油机尺寸相当;有较低的有效载荷损失和空间要求;加氢时间 15～30 min(取决于储氢量);有较低的成本;有较高的热和振动耐受性。

2)氢内燃机的劣势

氢内燃机有 NO_x 排放;发动机需要适当更改;增加了储氢罐;需要氢配送和加注基础设施支持。

目前已知的零排放技术路线主要为纯电动汽车(BEV)、氢燃料电池电动汽车(FCEV)、氢内燃机和生物燃料或合成燃料内燃机(如果使用可持续碳源),这4种零排放技术各自具有不同的优点和缺点,导致不同车型的适用性水平不同。表 6-3 从 CO_2 强度、空气质量、油井-车轮效率、动力总成资本支出、限制条件等方面对这4种技术路线进行了对比:

表 6-3 4种零排放技术路线对比

技术路线	生物/合成燃料	氢内燃机	氢燃电池	纯电动
CO_2 强度	取决于生物质/碳的来源	如使用绿/蓝氢,零/最少量 CO_2	如使用绿/蓝氢,零/最少量 CO_2	取决于电网组合;如使用可再生电力则为零 CO_2
空气质量	NO_x 和颗粒物排放与柴油机相当	使用 SCR 后处理系统,不产生显著的 NO_x 排放物	零排放	零排放
(油井-车轮)效率	约 20%	约 30%(可再生制氢)	约 35%(可再生制氢)	75%～85%+取决于传输及充电损耗
动力总成资本支出	与当前的内燃机相同	氢气发动机的资本支出与柴油发动机相当,但需增加储氢罐	燃料电池和动力电池的资本支出高,但比纯电动车辆更具可扩展性	如需要大尺寸电池,则资本支出高(较小/较轻细分市场采用中等尺寸电池)
限制条件(空间/有效载)	尺寸和重量与当前的内燃机相当	发动机尺寸与当前的内燃机相当,但需要增加 H_2 储罐	与内燃机相比需要更多的空间放置燃料电池和 H_2 储罐	比内燃机重,有效载荷限制取决于用例

技术路线	生物/合成燃料	氢内燃机	氢燃电池	纯电动
充能时间	<15 min,取决于燃料箱尺寸	<15~30 min,取决于燃料箱尺寸	<15~30 min,取决于燃料箱尺寸	3 h 以上,取决于快充能力
基础设施成本	可利用现有基础设施	需要 H_2 配送和再加注基础设施	需要 H_2 配送和再加注基础设施	需要充电基础设施及升级电网

　　氢内燃机可以利用现有的柴油机产品及技术,但仍需要做出一些适应性变更,通常包括:活塞、压缩比、气门、座圈、点火系统、带 H_2 喷射器的进气系统、H_2 燃料供给系统、EGR 系统、涡轮增压器、催化转化器($H_2 - SCR$)、控制系统。

　　氢内燃机可以在多种应用中发挥作用,为 FCEV 和 BEV 提供补充解决方案,尤其是重型卡车和其他高负荷应用,如采矿、海运和铁路。氢内燃机的优势包括:较低的有效载荷损失和空间要求,比 BEV 卡车更快的补能时间,较低的成本,以及较高的热和振动耐受性。

　　各种车辆细分市场可以从这些优势中受益,包括:轻型车辆,如挂车;中型车辆,如中型运输车和消防车;重型车辆,如混凝土卡车;采矿和施工车辆,如履带式推土机、挖掘机和自卸卡车;农业车辆,如收割机械和拖拉机。

6.2.2　氢内燃机技术发展分析

　　截至目前,氢内燃机已经有几十年的发展历史,早在 2000 年,美国福特汽车就正式开始氢内燃机研究,随后国外如宝马、马自达等汽车公司,国内如长安汽车等公司先后投入资金进行氢内燃机研发。

　　氢内燃机的发展并非一帆风顺,在深入研究过程中,发动机回火、氢脆、排放等问题相继出现。因为车载储氢问题无法解决、气道喷氢导致动力不足、加氢站不完善等问题,宝马等汽车公司先后放弃了氢内燃机在汽车使用上的探索。在之后的时间里,氢内燃机在汽车运用上的发展陷入停滞。虽然如此,但国内外对于氢内燃机技术上的研究从未间断,随着时间推移,技术和材料有了突破性发展,车载储氢、燃烧、排放等问题得到有效解决,氢内燃机在近几年被重新予以重视。2019 年,上汽集团和博世集团分别发布了 2.0 T 的缸内直喷增压氢内燃机。随后的 2021 年里,丰田公司的氢内燃机汽车卡罗拉在日本富士赛道进行了 24 h 比赛,国内,一汽、广汽、长城等汽车公司也分别推出不同型号的缸内直喷增压氢气发动机样品。

总体上,氢内燃机的研究可以分为两阶段。第一个阶段是 2000—2007 年,以宝马汽车公司为代表的气道喷氢内燃机阶段;第二个阶段是从 2019 年至今,由上汽集团和博世引领的缸内直喷氢内燃机阶段。

1) 车载储氢

有关于氢气储存的问题一直以来都是氢能源相关技术研究的难题,氢气分子尺寸小,容易渗透到储存罐体材料中将材料氢化,产生氢脆现象;同时,氢气易燃、易爆的性质制约了氢能源的应用场景,尤其是在车用发动机上,需要在有限空间内存储足够量氢能源燃料保证续航能力,更是一项巨大的挑战。目前,氢气储存方式研究方向主要有高压气态储氢、低温液态储氢和储氢材料储氢三大类。

早在十九世纪末,锻造金属容器就被用于氢气储存,储氢压力达 12 MPa。由于氢分子很容易渗入钢瓶中腐蚀钢瓶,产生氢脆现象,气瓶在高压下有爆裂风险,所以不用于车载储氢。1963 年,Brunswick 公司研发出塑料内胆玻璃纤维全缠绕复合高压气瓶。2001 年,Quantum 公司成功研发出采用聚乙烯内胆碳纤维全缠绕结构,工作压力为 70 MPa 的高压储氢瓶。在车载领域,运用最广泛的储氢技术是高压储氢气瓶。随着车载储氢应用需求不断提高,轻质高压是对储氢瓶的最终要求。目前,高压储氢容器已经由全金属(Ⅰ 型瓶)发展到塑料内胆纤维全缠绕气瓶(Ⅳ 型瓶)。不同类型高压储氢气瓶比较见表 6-4。

表 6-4 不同类型储氢瓶对比

喷射方式	喷射时刻	异常燃烧	混合气	特点
进气道单点喷射	进气冲程初段	高风险回火	易形成不均匀混合气	升功率低、燃烧风险大
进气道多点喷射	排气冲程末端或进气冲程初段	低风险回火	易形成均匀混合气	升功率低、有异常燃烧风险
低压缸内直喷	压缩冲程初段	无回火	基本均匀	升功率低
高压缸内直喷	压缩冲程初段至压缩上止点	无回火	均匀或分成,可调控	升功率高、效率高

Ⅰ 型储氢罐因为纯金属性质不适用于车载储氢,目前 Ⅲ 型和 Ⅳ 型是复合材料制氢气瓶的主流。主要由内胆和碳纤维材料组成(图 6-1),纤维材料呈环状或螺旋状缠绕在内胆外围,能有效提高内胆结构强度。在汽车领域,Ⅳ 型储氢瓶已经在国外成功商用;我国对于高压储氢研究起步较晚,受碳纤维技术和纤维缠绕加工技术所限,目前仍致力于 Ⅲ 型储氢瓶发展。

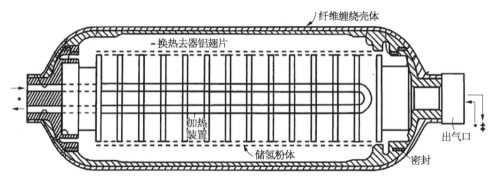

图 6-1　高压复合储氢罐结构

2）爆燃、早燃及回火

氢内燃机存在的问题和其优势密不可分。氢气燃烧时传播速度极快（大约为汽油燃烧时的 9 倍），会导致燃烧时间过短，燃烧做功时间短，无法克服压缩功，容易导致发动机熄火，即产生爆燃问题；其次，因为氢气燃点低，内燃机中火花塞电机过热、热沉积物等都会导致氢气发生自燃，出现早燃问题；同时因为燃烧传播速度快，此时进气门未关闭，火焰会进入进气管，发生回火现象。目前，各公司推进直喷技术，直接在发动机气缸内喷氢气，不仅消除了氢气占用气缸容积的问题，还大幅提高了氢内燃机的动力性，与进气道喷射相比，直喷氢内燃机可以在进气门关闭后喷氢，避免氢气回流导致的回火问题。缸内直喷和进气道喷射比较见表 6-5。

表 6-5　缸内直喷和进气道喷氢特点比较

类　型	材　　质	工作压力/MPa	成　本	车载是否可用
Ⅰ型	纯钢制金属瓶	17.5～20.2	低	否
Ⅱ型	钢制内胆纤维缠绕瓶	6.3～30	中	否
Ⅲ型	铝内胆纤维缠绕瓶	30～70	最高	否
Ⅳ型	塑料内胆纤维缠绕瓶	>70	高	否

选用缸内直喷氢内燃机，会因为混合器分部不均，过早点火会产生早燃、爆震现象。S. Verhelst 总结了爆震强度和未燃混合器质量分数间的关系，可以总结出，氢内燃机抑制爆震主要方法有：优化燃烧室结构、优化喷射策略、采用 EGR 和喷水降低干缸内温度、利用增压技术，提升爆震边界。

3）排放

氢内燃机理论上有 H_2、HC、CO、CO_2、NO 五种排放产物，其中 CO、CO_2、HC

这三种污染物由机油燃烧产生,排放浓度均较小。作为氢内燃机主要排放物,是氮气、氧气在气缸高温下反应形成,排放量最高可达 0.02 g/(kW·h),所以,控制的排放是控制氢内燃机排放的重点。目前,降低排放的手段主要有以下几种。

(1)稀薄燃烧和喷射参数优化。

氢内燃机排放量与过量空气系数 λ 密切相关。当 λ 达到 2.5 时,达到临界点(图 6-2)。

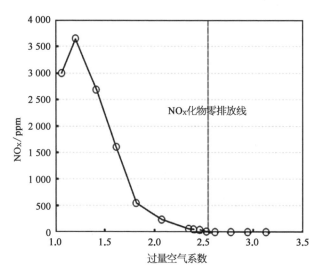

图 6-2 空气系数对排放的影响

因此,控制过量空气系数是减少氢内燃机排放最有效的方式。为保证内燃机燃烧稳定性,λ 一般小于3.3,所以 λ 取 2.5~3.3 时,既能使排放归零,又能保证氢气燃烧的稳定性。通过机械增压或者涡轮增压提高进气压力以保证氢内燃机在稀薄燃烧下的动力性,使氢内燃机始终保持在 λ>2.5 的工况下工作,此时排放通常小于 0.1 g/(kW·h)。

T. Wanner 等人对喷射相位对排放的研究,得出在部分负荷下喷射提前,排放降低;而在大负荷工况下,推迟喷射会导致排放降低。这是因为在部分工况下,整体燃烧稀薄,提前喷射可使混合气混合时间延长形成低浓度均匀混合气,降低排放;在大负荷工况下,推迟喷射可使缸内混合气出现分层,避开高排放阶段以降低排放。

(2)EGR 技术和喷水技术。

EGR 即废气再循环技术,通过 EGR 技术,提高进气比热,能显著降低燃烧温度和燃烧速率,从而有效降低排放。C. Bleechmore 对比了冷热 EGR 对氢气内燃机的影响,在化学当量比浓度下,排放分别降低 87% 和 93%。同时使用冷 EGR 会对燃烧稳定性产生影响,平均有效压力循环变动系数从 1.7% 上升到了 2.6%。

喷水技术在原理和 EGR 技术类似,但相对于 EGR 技术,喷水技术能更精准地调控燃烧工质和控制燃烧温度,且不会大幅度影响内燃机动力性能。喷水技术按照喷射方式可分为进气道喷水和缸内直喷两种形式。

(3)后处理技术。

除了上述缸内降低排放的手段外,还需要在缸外进一步处理排放物,使氢内燃机能满足日益严苛的排放标准。

日本东京城市大学提出了一种新型的尾气排放后处理技术,一种两段式氮氧化物存储还原系统(NSR)和氧化催化剂(DOC)组合系统,该系统的工作原理是利用未完全燃烧的氢气或是在后处理系统中喷入低压氢气在 NSR 中还原,其中 DOC 系统负责氧化未反应完全的氧气和在还原过程中产生的氨气。NO_x 的净化率可以达到 98%,而氢气的消耗量只增加 0.2% ~ 0.5%。这套后处理技术在整车运行上得到的效果更为明显,可使循环排放从 1.07 g/(kW·h)降低至 0.08 g/(kW·h)。

有关专家对 SCR 后处理技术进行了研究,利用发动机混合器浓度变化进行周期性吸附-催化-还原和化学反应彻底去除了少量 NO_x 排放,实现双零排放。

6.2.3 氢内燃机研发

包括主机厂、发动机供应商、工程服务公司和氢内燃机初创公司在内的一些公司已经开始研究氢内燃机,作为其公路和非公路零排放解决方案的一部分。此外,还有一些参与者正在积极开发氢内燃机、燃料电池和电池的混合解决方案,以最大限度地提高可变负载模式的效率。

1)达夫 DAF

达夫 DAF 开发的"H_2 创新卡车"是迄今为止唯一一款依靠氢内燃机运行的卡车(图 6-3),这款 XF 氢内燃机卡车被评为了 2022 年的年度创新卡车。达夫正在紧锣密鼓地对车辆进行开发、测试和完善,力图早日将其推向市场。

目前正在测试中的达夫 XF 氢内燃机卡车采用了一台改造过的 PACCAR MX-13 发动机(图 6-4),车桥和变速箱采用新一代达夫 XF 卡车的标配。对内燃机的更改包括用发动机火花塞替换喷油单元、更换活塞以实现更好的燃烧、安装电动涡轮增压器及用氢气喷射系统替换进气口。与燃料电池氢解决方案相比,内燃机具有瞬态能力(无须大型储能系统)。其他优点包括所需的冷却能力较低和对氢气纯度的敏感性较低。

图6-3　DAF的H_2创新卡车

图6-4　改造后的PACCAR MX-13发动机

　　这种做法比重新开发一台氢内燃机来说成本更低,也能让保有量巨大的柴油发动机看到未来的曙光。据达夫的描述,氢内燃机版本的MX-13动力表现依旧出色。除了发动机的声音相比柴油发动机更小之外,差别基本不大。同时,得益于车辆的采埃孚TraXon变速箱,运转平顺性方面十分不错。

图6-5　H_2创新卡车的底盘布置

　　如图6-5所示,在底盘左侧,原先的柴油油箱不见踪影,取而代之的是4个尺寸巨大的液氢罐,可容纳90 L/10 kg的氢气,以350 bar的压力加注。车辆采用了复合碳纤维储氢罐。在目前,全球能生产这种罐体的厂家不多,而且造价十分高昂,这也是需要面对的问题。

　　底盘的右侧仍然是空的,将来可以在那里安装后处理系统,使动力总成满足欧Ⅶ甚至更高的排放标准。目前,H_2概念卡车的续航里程可以达到120 km,但达夫认为它可以达到更实用的600 km。在路上行驶的感觉很像柴油发动机卡车,驾驶体验的差异也不大。

　　达夫估计,H_2概念卡车准备上市还需要5~7年的时间。到那时,如果定价合适,没有理由认为它不会成功——但它将面临来自"传统"氢卡车甚至电动卡车的强大阻力。然而,这一发展最重要的意义并不是这辆卡车的销售潜力。相反,这可能意味着内燃机仍然为运输业提供了巨大的潜力,尤其是在重型长途运输领域。

2）康明斯

康明斯认为,电动动力和燃料电池动力总成应用前景可期,与此同时,借助可靠的内燃机技术,以绿氢为燃料的氢内燃机将成为未来零排放解决方案的重要补充。

2021年7月,康明斯宣布开始测试氢燃料内燃机。概念验证测试是建立在康明斯现有的气体燃料应用技术和动力系统基础之上,目标是创造一个新的动力解决方案。在概念验证测试之后,该公司计划在各种公路和非公路应用中对发动机进行评估。2021年9月,康明斯公司宣布其 H_2-ICE 氢燃料内燃机计划,开始开发中型6.7 L和重型15 L氢燃料发动机。新的15 L平台将为车辆总重高达44 t的长途卡车和其他重型卡车提供氢燃料发动机。6.7 L氢发动机的开发将集中于中型卡车、公共汽车和建筑机械,如挖掘机和轮式装载机。

2022年5月9日,在加利福尼亚州举办的 ACT Expo 展会上,康明斯展示了其最新的15 L氢内燃机 X15H(图6-6)。X15H发动机基于康明斯最新的适用于多种燃料的发动机平台,该平台的发动机气缸垫下方的大部分零部件结构相似,而气缸垫上方则根据不同燃料的类型,采用不同的零部件组合。2021年7月开始的氢内燃机测试已实现了设定的功率和扭矩目标,其中型发动机扭矩超1 060 N·m,马力超290 hp(英制马力,1 hp约为746 W)。此外,更先进的原型机测试也将很快开

图6-6　康明斯X15H氢内燃机

展。依托康明斯全球强大的生产基地布局,可快速实现规模化生产,预计将于2027年全面投产。

3）西港燃料系统公司

2022年5月3日,西港燃料系统公司推出了一种新型氢 HPDI 燃料系统,可以在重型卡车发动机中燃烧氢气,几乎没有碳排放,且动力性能还优于柴油发动机。

西港在一辆演示卡车上展示了其氢内燃机用 H_2 HPDI 燃料系统(图6-7),通过改善原有的 LNG HPDI 系统,在经过改造的内燃机中燃烧氢气,几乎没有碳排放,性能优于基础柴油发动机机型。展示的动力系统包括一台 OEM 基础发动机、HPDI 2.0 喷油器和相关软件,以及一台低温高压泵,储氢罐可能安装在驾驶室后部。

新的 H_2 HPDI 燃料系统基于西港公司的 HPDI(高压喷射)燃料系统技术,

图 6-7 配备 H_2 HPDI 燃料系统的演示卡车

之前西港已经做到在重卡上使用生物甲烷和天然气等替代燃料运行,并且其功率、扭矩、效率和性能丝毫不逊于柴油发动机。现在西港公司将原有 HPDI 燃料系统进行优化调整,实现支持燃烧氢气运行,不仅能满足更严苛的排放法规,而且动力表现更为突出。

类似于柴油发动机,西港的 H_2 HPDI 燃料系统也采用压燃式燃烧,但不能直接燃烧氢气进行做功,需要借助其他燃料引燃氢气。

西港在 H_2 HPDI 燃料系统中设计了一种双同心针喷油器,一个喷油嘴上有内外两圈喷孔,内侧喷孔可以喷出少量柴油,外侧喷孔可以喷射大量氢气,这套喷油器是西港的专利产品,也是其 H_2 HPDI 燃料系统的核心技术之一。

氢内燃机的做功过程大致可以分为两步:首先,在压缩行程上止点前往气缸中喷入少量柴油,柴油被压燃作为先导点火;然后将大量氢气高压喷射到柴油火焰中,氢气作为主燃料燃烧做功。

H_2 HPDI 燃烧保留了基础发动机的高压缩比,氢气燃烧做功不会超过发动机机械极限,却可以产生比柴油发动机更高的峰值扭矩和功率。另外,由于柴油先导点火,在压缩行程结束前才喷射氢气,氢气持续燃烧的时间比较长,不容易造成发动机爆震,这也解决了氢气燃料的一个重大缺陷。引燃燃料目前采用柴油,不过 Westport 表示正在努力消除未来对柴油引燃的需求。由于使用柴油作为引燃燃料,所以排放总量减少了 98%,而不是 100%,而且仍需要一个小型的柴油箱和后处理系统。

西港 H_2 HPDI 的亮点:功率和扭矩比基础柴油发动机的功率和扭矩高 20%;效率比基础柴油发动机的热效率高 5%~10%;涡轮增压 13 L 直列六缸发动机;燃料为氢气,采用引燃点火燃料(柴油);四循环,压缩点火,直接喷射。

4) KEYOU

2022 年 4 月,KEYOU,一家致力于开发创新的氢能技术的德国公司展示了两辆配备氢发动机的商用车辆——一辆 18 t 的卡车(图 6-8)和一辆 12 m 城市

公交车(图 6 - 9),这两款车都基于现有的柴油发动机平台开发。核心是
KEYOU 获得专利的 KEYOU - inside 系统,未来将主要用于改造现有车辆。

图 6 - 8　配备氢发动机的 18 t 卡车　　　　图 6 - 9　配备氢发动机的 12 m 城市公交车

自 2015 年以来,KEYOU 一直在开发可用于将传统内燃机转变为无排放物
氢发动机的氢气相关技术、组件和燃烧过程。在此过程中,KEYOU 已成功地从
柴油发动机平台开发出迄今为止世界上最高效的氢气发动机,展示的两款原型
车均搭载 KEYOU 7.8 L 氢发动机。

为了与柴油车辆相提并论,配备氢发动机的车辆必须满足对标柴油机的众
多参数。除了价格,重点是续驶里程、鲁棒性和日常使用的适用性。这是车队
运营商在不必放弃其商业模式的情况下走向"绿色"的唯一途径。

KEYOU 开发氢发动机和改造车辆的方式缩小了"零排放"和成本效益之间
的差距。例如:这两种车型的续航里程都超过 500 km。发动机的输出功率为
210 kW,不仅提供了足够的动力,而且在苛刻的 WHTC 参考循环中仍低于欧盟
定义的零排放 CO_2 限值。此外,这些产品无须昂贵的废气后处理装置,即可很
容易地满足欧 Ⅵ 排放标准,而这在以前被认为是绝对必要的。下一步是在试验
车道和公共道路上证明这些值。

为了实现商用车板块的气候保护目标,针对现有车辆的解决方案也必不可
少。KEYOU 所开发技术的一大优点在于它可以应用到现有市场。这是因为该
技术不仅耐用、可靠且不依赖于稀土,而且还为最终客户提供了与柴油相当的
成本结构,尤其是总体成本——只需要对底层基础发动机进行少量更改,并且
现有的内燃机基础设施可以用于发动机和车辆的生产。与其他制造商不同,
KEYOU 并不打算生产自己的车辆和发动机。相反,这家总部位于慕尼黑的氢
能专家正专注于新车和现有车辆的进一步开发和改造。

5) 国内厂家

除国外厂家外,国内的一些主机厂也启动了对氢内燃机的研究。

2021 年 12 月,玉柴研发出燃氢发动机 YCK05N 并成功点火运行。YCK05 燃氢发动机的有效热效率媲美氢燃料电池动力,采用了超稀薄清洁燃烧的技术路线、氢气专用 SCR 后处理、进气道高压多点喷射、小惯量高效涡轮增压器,解决了燃氢发动机易早燃易回火的情况,热效率达到 42%,且真正实现零污染排放。

2022 年 6 月 8 日,由一汽解放自主设计研发的国内首款重型商用车缸内直喷氢气发动机成功点火并稳定运行。氢气发动机排量为 13 L,运转功率超 500 马力,同级排量动力最强,指示热效率突破 55%。这款氢气直喷发动机所基于的零碳氢基内燃动力孵化平台,具备氢气单燃料缸内直喷、氢气单燃料缸内和气道混合喷射、氨气和氢气双燃料喷射能力,可灵活转化成氢气、氨气等净零碳燃料产品。

2022 年 6 月 15 日,中国重汽、潍柴动力联合发布全国首台商业化氢内燃机重卡。该款车型为中国重汽全新一代黄河品牌高端重卡,搭载潍柴动力自主开发的 13 L 氢内燃机,可商业化应用到港口、城市、电厂、钢厂、工业园区等特殊运输工作场景。潍柴动力自 2018 年起开始布局氢内燃机技术,这款氢内燃机实现了有效热效率 41.8%。

近年来,氢内燃机在实际使用方面已经取得了重大的进展,氢内燃机的产业化前景比较明朗,短期内,氢内燃机比氢燃料电池更适合用于实现碳中和、碳达峰目标的手段。

氢内燃机在储氢、燃烧、排放等方面的问题已经有了比较好的解决方案,为氢内燃机未来的产业化提供了有力支撑。但同时,就当前技术形式下,国内的储氢技术、氢气喷射技术还需要进一步提升,并且由于氢燃料和柴油、汽油燃料的差异性,应当尽早根据氢燃料特性,摆脱原有内燃机的框架,建立新的氢内燃体系。

6.3　燃料电池燃气轮机混合发电系统

通常有两种不同的方法来降低化石燃料燃气轮机系统的二氧化碳排放率,包括提高系统在固定电力条件下的整体效率,从而降低二氧化碳排放率,以及应用碳捕获技术。如今,燃料电池技术在集成系统中的应用显著增加。减少燃气轮机系统污染物排放的有效解决方案之一是将其与高温燃料电池集成,因为它们具有高能量效率和低排放水平。

目前国内外研究的高温燃料电池-燃气轮机混合发电系统主要有两种:一

种是由熔融碳酸盐燃料电池与燃气轮机组成;另一种是由固体氧化物燃料电池与燃气轮机组成。近几年来许多高温燃料电池相继发电成功以及燃气轮机的实验积累都为建立高温燃料电池-燃气轮机混合发电系统创造了条件,使得这种混合发电系统的研究也得到了迅速发展。

6.3.1 熔融碳酸盐燃料电池-燃气轮机(MCFC-GT)混合发电系统

1) MCFC-GT 基本结构

根据两个子系统布置方式的不同,混合装置可以分为顶层循环混合和底层循环混合。

顶层循环式 MCFC-GT 混合发电系统也称直接燃烧式燃气轮机的混合系统,这种混合系统利用一个加压燃料电池向透平提供高温气体,燃料电池相当于燃气轮机的燃烧室。

在顶层循环式混合发电系统中(图6-10),要求燃料电池在一定压力下工作,一般采用压气机提高燃料电池阴极进口空气的压力,供给燃料电池使用。燃料和空气先进入燃料电池内部参加化学反应。从阳极流出的气体仍然含有一定量的、没有氧化的 H_2 和其他少量可燃气体,如 CO。

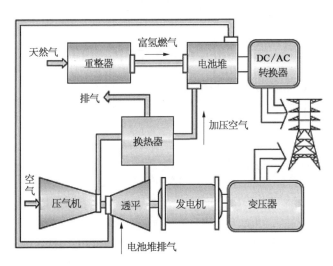

图6-10 顶层模式

阳极流出的气体与阴极流出的气体在燃烧室中混合燃烧,燃烧后的高温混合气体进入透平做功。对于燃气轮机来说,燃料电池就相当于燃烧室,透平排出的尾气经过回热器再利用其加热进入燃料电池的空气后排出。功率调节器将燃料电池的直流电转换为交流电送入电网。

　　大部分底层循环式混合发电系统中的燃料电池都在常压下工作。如图 6-11 所示,在燃料电池阳极的出口处燃料并没有完全反应,剩余燃料进入燃烧室中与空气进行燃烧,使其中的 H_2、CO 等充分反应,同时提高气体温度。经过催化燃烧后的气体从氧化燃烧室进入换热器,加热从压气机出来的气体。换热之后的气体进入燃料电池的阴极。在燃气轮机部分,空气经过压气机压缩,进入换热器,和进入燃料电池阴极的气体进行热交换,经过加热的高温高压气流进入燃气轮机透平做功,透平的排气又进入氧化燃烧室进行循环利用。在间接燃烧式系统中,燃料电池在环境压力下运行,其压力和燃气轮机循环压比无关,因而系统可以在很大的燃气轮机循环压比范围内有效运行。这种特性使其在发电规模上有很大的灵活性。这种结构可用于多种结构类型的燃气轮机。

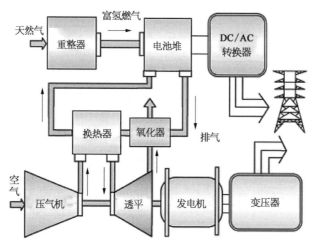

图 6-11　底层模式

　　根据混合循环方式的不同,混合发电系统在性能上也会有所不同,其性能比较见表 6-6。

表 6-6　两种模式混合发电系统性能比较

性 能 参 数	顶层循环模式	底层循环模式
燃料利用率和压比	较难匹配	较易匹配
效率	55%~65%	55%~75%
关键热力系统组件	高温换热器	高温换热器
燃料电池压力	加压	常压或加压

　　顶层循环要求燃料电池在一定的压力下工作,而底层循环中燃料电池可以在常压下工作,也可以在一定压力下工作。实验证明提高燃料电池阴极气体的压力将提高燃料的利用率,从而提高燃料电池的效率,但是这样做会缩短燃料电池的寿命,所以大部分底层循环的燃料电池都在常压下工作。顶层循环和底层循环相比,单电池功率大,功率密度高;后者燃料电池运行良好,集成技术比较简单,容易启动,控制方便,而且使用寿命长。所以,通过对各种构成的燃料电池混合发电系统比较研究发现,底层循环模式混合发电系统是较有前景的一种循环方式。

2) MCFC - GT 国内外研究现状

　　MCFC - GT 混合发电系统是未来高效、清洁的发电技术之一,国内外对该系统已开展多年研究并取得了一定成果。

　　国内外专家学者进行了大量研究,建立了混合系统的数学模型,对系统的动态特性进行了研究,阐述了混合发电系统建模和控制的多尺度自主研发技术路线,对仿真模型进行了改进,使模型更能反映系统的真实运行情况,对混合装置的稳态及动态性能进行了数值仿真研究,进行了半物理仿真实验研究,对不同控制方式下混合系统非设计工况下的运行特性进行了分析,利用离线优化运行数据,基于多输出支持向量机回归(MSVR)方法建立指导混合系统高效运行的预测器(函数逼近器),实现根据系统负荷情况实时给出系统高效运行的最佳设定值和前馈控制输入值。实验表明基于 MSVR 的预测器能预测不同负荷下系统最优运行轨迹,实时指导系统运行。

　　国外 Grillo 等人对不同混合动力系统设计点工况下的效率、比功率、发电成本、适应性等性能参数进行了分析和比较。Mamaghani 等人模拟了以天然气为燃料的混合 MCFC - GT。该系统配置基于一个燃烧器、一个燃烧室和一个外部重整 MCFC 系统。燃烧器被用来为外部重整过程提供所需的热量。对于这样的 MCFC - GT 原型,总成本为 32.4 万美元/年。Ansarinasab 和 Mehrpooya 研究了 MCFC - GT 和斯特林发动机系统作为冷却、加热和动力循环的组合。他们得出的结论是,系统设备之间低效的相互作用是与火用破坏相关成本的主要来源。Sartori da Silva 和 Matelli 进行了一项研究,以确定 MCFC - GT 混合系统的电力成本。在他们提出的配置中,MCFC 的废气被热回收蒸汽发生器用于产生蒸汽。假设 MCFC 的功率为 10 MW,得到 GT 的输出功率为 1.91 MW。对于这种 MCFC - GT 配置,总成本率为 0.352 美元/(kW·h)。此外,他们还发现增加 MCFC 功率可以降低总成本。Verda 和 Nicolin[121] 从热力学和经济学角度对 MCFC-微型 GT 系统进行了优化研究。当能源效率在 46% 左右时,他们获得了 0.036 欧元/(kW·h)的最低成本率。另一方面,在能源效率最高为 62% 时,电力成本为 0.055 欧元/(kW·h)。

6.3.2 固体氧化物燃料电池-燃气轮机(SOFC-GT)混合发电系统

随着工业的发展对能源的需求日益紧迫,化石燃料的燃烧使 CO_2 等气体的排放急剧增加,对环境产生了重大的破坏作用。SOFC 作为将燃料从化学能转变成电能和热能的能量转换装置,已经成为最具有潜力的重要能量转换工具之一,其在燃料效率、排放、维修和噪声污染方面都有很大优势。

从减少温室气体排放角度讲,SOFC 可以制造高浓度 CO_2,因其重整燃料气和氧气发生电化学反应并不和空气混合。因此,就可以通过多级 SOFC 来得到高浓度 CO_2。燃料进入 SOFC 中,其排出的废气经过纯氧燃烧,同时将 CO_2 或者水蒸气注入燃烧器来降低燃烧气体温度。这样就得到了由 CO_2 和水蒸气组成的燃烧气体,将其引入下层循环中的燃气轮机。燃气轮机的排气对进气系统进行预热,通过冷却即可将 CO_2 和水分离,其系统总效率达到 65.00%(HHV)或者 72.13%(LHV)。

SOFC-GT 联合技术被认为是达到高热效率电功率的有效手段。该技术已经被西门子、三菱重工和罗罗公司等开发。SOFC-GT 混合发电系统非常具有吸引力,即便在小功率情况下(200~400 kW)其效率也可以达到 60%。SOFC 的高温废气可以作为联合发电或混合系统下层循环的热源。SOFC-GT 混合系统中 GT 的作用有:利用 SOFC 高温废气产生附加电力提高系统效率;为 SOFC 提供压缩空气。经过不断的发展,具有代表性的混合系统技术产物很多,比如:高温燃料电池;高压比、中间冷却和无油轴承的先进燃气轮机;灵敏的控制系统;氢气分离隔膜技术;空气、氢气、二氧化碳的隔膜分离器;天然气重整;二氧化碳分离和回收;超高温蒸汽透平。

对于 SOFC 系统理想的燃料是天然气,其主要成分是甲烷(80%~95%)。甲烷的蒸汽重整是得到富含 H_2 和 CO 气体的燃料。甲烷的蒸汽重整是一个十分复杂的过程,不仅涉及反应物和生成物在主体相和催化剂表面的传导和扩散,也涉及催化剂内部,还有若干同步并行或穿行的反应。天然气的蒸汽重整可以通过燃料电池的内部重整或外部重整来实现。内部重整多用于高温燃料电池,包括 MCFC(工作温度约 650℃)和 SOFC(工作温度约 800℃)。如此高的温度提供了蒸汽重整吸热反应所需要的热量,同时降低了电池冷却的需求,可以省去外部重整器,节省了成本。

1) SOFC-GT 基本结构

SOFC-GT 混合系统有两种典型的系统结构,一是顶层循环式(直接燃烧式),二是底层循环式(间接燃烧式)。在顶层循环式 SOFC-GT 混合系统中,

SOFC 工作在一定的压力下,即进入 SOFC 阴极的气体是来自压缩机压缩的高压气体。首先,预热后的燃料和高压氧气在 SOFC 内部发生电化学反应;然后,阳极中未反应的燃料气体和阴极出口气体进入氧化燃烧室中充分燃烧;最后燃烧产生的高温混合气体输入到涡轮机中冲击叶轮转动做功,带动压缩机工作和发电机发电。顶层循环混合系统发电示意如图 6-12 所示。

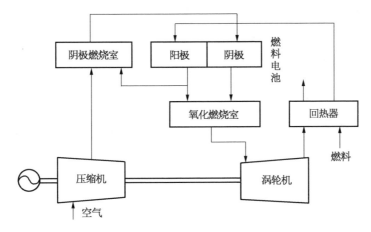

图 6-12 顶层循环式混合发电系统示意图

在底层循环式系统中,燃料电池在常压或一定压力下工作。由于长期在高压下工作会缩短 SOFC 的寿命,所以为延长燃料电池寿命,多数情况下 SOFC 在常压下工作。首先,燃料在热回收装置中与燃料电池阴极高温气体换热后进入阳极反应;然后,阳极中未反应的剩余燃料进入氧化燃烧室中进行催化燃烧,燃烧后的气体进入换热器与从压缩机进入的气体交换热量,形成高温高压气体进入涡轮机中冲击叶片转动做功;最后,涡轮机排气进入氧化燃烧室再循环利用。底层循环式 SOFC-GT 混合系统示意如图 6-13 所示。

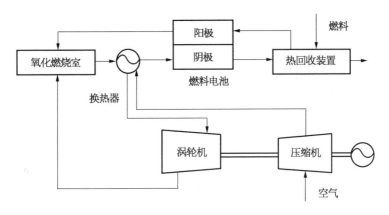

图 6-13 底层循环式混合发电系统示意图

SOFC - GT 混合系统的两种典型系统结构工况见表 6 - 7。经过比较，底层循环式更具发展前景，具有结构简单、投资低，SOFC 运行良好，集成容易，使用寿命长等特点。

表 6 - 7　SOFC - GT 混合系统的两种典型系统结构工况

性 能 参 数	顶 层 循 环 式	底 层 循 环 式
SOFC 与 GT 功率比	4∶1 左右	10∶1 左右
燃料利用率和压比	较难匹配	较易匹配
效率的提高	显著	较显著
关键热力系统组件	高温回热器	高温换热器
燃料电池压力	加压	常压或加压

2) SOFC - GT 国内外研究现状

在燃料种类方面，上海交通大学相关课题组通过 Matlab/Simulink 软件建立了中温固体氧化物燃料电池-燃气轮机(IT - SOFC - GT)联合发电系统仿真模型；以木片气为燃料，分析了氢气、一氧化碳、甲烷所占百分比的变化及水碳比的变化对系统发电效率的影响。以污泥热解气为燃料，建立了 SOFC - MGT (MGT，微型燃气轮机)联合发电系统模型，分析了电流密度、电堆温度、燃料利用率对系统输出性能的影响。还以生物质气为燃料，建立了 SOFC - GT 混合发电系统仿真模型，分析了空气流量和燃料流量对系统整体性能的影响。

在循环方式方面，通过建立 IT - SOFC - MGT 顶层循环仿真模型，分析了水蒸气的含量对系统性能的影响。研究结果表明：随着水蒸气含量的增加，SOFC 的输出功率和发电效率有所下降，GT 的输出功率和发电效率有所提高；水蒸气含量的减少，有助于提高整体系统的输出性能。建立了 SOFC - GT 顶层循环模型和 MCFC - GT 底层循环仿真模型，并对 2 种循环系统进行了性能分析，最后得出结论：在顶层循环中 SOFC - GT 联合发电系统的输出性能更佳；在底层循环中，MCFC - GT 联合发电系统的输出性能更佳。

2001 年，西门子公司成功开发了一种 100 kW 级基于管状 SOFC 的热电联产电力系统，并开发了 220 kW 级管状 SOFC - MGT 混合动力系统。Massardo 等研究了内部重整 SOFC - MGT 混合动力系统的设计点性能的特征。Kim 等进行了类似的研究，但是使用了不同的数学模型，他们的模型考虑了其他具有实际重要性的物理现象并进行了改进，例如 SOFC 内部的热传递。

在系统控制机理研究方面，Stiller 等人针对 SOFC - GT 混合动力系统，提出了一种多回路控制策略。根据燃料电池恒温工况下混合动力系统的稳态特性，计算出系统的风量设定值和实测温度。研究了系统在负载变化、外部干扰及故障和退化事件下的响应。Wang 等人提出了一种多控制回路与协调保护回路相结合的控制方法，来实现 SOFC－GT 混合动力系统的快速负荷跟踪和暂态安全运行。引入模糊逻辑理论对控制参数进行自整定，以满足非线性时变系统的控制要求。该方法可以实现参数解耦，消除 SOFC－GT 系统的不稳定性。在负载降压过程中，该控制策略可使 SOFC 电流超调率降低 10.8%，同时瞬态最大温度变化率降低 47.7%。此外，通过改变空气流量和燃油流量的瞬态行为，所提出的控制策略可将负载升压工况下的温度超调量降低 1.16%，瞬态最大温度梯度降低 0.18 K/cm，提出改进的量子粒子群算法（IQPSO）-径向基函数（RBF）神经网络模型来描述 SOFC－GT 混合动力系统在不同高度下燃油流量与效率之间的非线性特性。结果表明：不考虑 GT 效率变化使得 SOFC－GT 混合系统效率计算结果偏高；相对于量子粒子群算法-径向基函数（QPSO－RBF）神经网络模型和 PSO－RBF 神经网络模型，IQPSO－RBF 模型能更好地预测在不同高度下 SOFC－GT 系统效率在不同燃油流量下的变化规律。

虽然现阶段已有高温燃料电池-燃气轮机混合发电系统成功运行，可是混合发电系统的发展还面临着很多困难。燃料电池寿命、混合系统的控制手段等很多技术问题需要进行进一步的研究和探索以使该混合发电系统早日实现商业化运行。此外，混合系统成本昂贵等经济上的困难也会阻碍其发展。

在发展混合发电系统技术本身的同时还应注重相应环保技术的发展。将生物气体、垃圾和污水废气等作为燃料来使用，不仅对废物进行了再次利用，节约了能源，而且还减轻了环境污染。总之，作为目前世界上最先进的高效、洁净发电方式之一的高温燃料电池-燃气轮机混合发电系统已经呈现出诱人的发展前景，将会成为未来分布式电源系统的一种重要形式。对高温燃料电池与燃气轮机混合发电系统的研究具有非常重要的现实意义。

7. 我国典型城市氢能经济性分析

近年来,我国氢能与燃料电池汽车产业在国内外产业形势和各方推动下开始快速发展,政策标准体系不断完善,产业技术水平不断提升,加氢站审批建设不断加快,车辆示范运行规模持续增加。在产业发展过程中,加氢站建设数量较少、氢气来源不足、氢气售价高、氢能经济性不足等问题成了产业发展的痛点,极大地限制了氢能与燃料电池汽车产业的发展。其中,加氢站氢能经济性问题一直是产业研究的重点。寻找低成本氢气来源、降低加氢站氢气使用成本及氢能制取、储运、加注等方面经济性研究和计算备受产业关注。

目前,相关行业专家在加氢站氢能经济性研究方面已经做了很多工作,建立了一些氢气制取、储运、加注的成本计算模型。采取全生命周期经济性评估的方法,分初期投资建设、运营维护和成本回收 3 个阶段对加氢站的总成本和总收入进行测算。构建了制氢站和加氢站的年收益函数,利用项目现金流量估计模型,给出电价、氢价对净现值和内部收益率的影响程度和经济可行区间。提出了考虑产业链传导的风电制氢经济性计算模型,分析制氢及储运等全环节成本效益变化。

有关专家还构建了一种简洁、有效的加氢站氢气成本计算模型,并结合张家口、郑州、盐城、佛山实际投入运行的加氢站运行数据,得到应用计算模型后 4 个城市典型加氢站的氢气成本并进行对比分析研究。为进一步研究氢能经济性提升方法、探索低成本氢源,还梳理了现阶段在氢能与燃料电池汽车产业活跃度较高的京津冀、中原、长三角、珠三角区域的制氢资源,并以氢气来源为风电电解水制氢的张家口市某加氢站为例,进行氢气成本达到 40 CNY/kg 及以下的可行性分析,并提出进一步降低氢气成本、提升加氢站氢能经济性的路径和建议,为氢能与燃料电池汽车产业商业化发展提供了重要的信息来源。

7.1 加氢站氢气成本经济性计算模型

1）加氢站购氢成本计算模型

制氢厂氢气制取成本主要包括原料成本、固定资产折旧、运行维护费用等，可按式（7-1）计算

$$p_c = \frac{C_{固定资产}(1-\delta) + C_{原料} + C_{运行}}{AD_{H_2}} \qquad (7-1)$$

式中：p_c——制氢厂单位质量氢气制取成本（CNY/kg）；$C_{固定资产}$——制氢厂固定资产投入，包括设备和厂房等（CNY）；$C_{原料}$——折旧年限内制氢原料成本，包括原料开采成本、原料运输成本等，改模型以原料到制氢厂的成本进行计算（CNY）；$C_{运行}$——折旧年限内制氢厂动力成本、人力成本、能耗成本、维护成本等（CNY）；δ——制氢厂设备残值率（%）；AD_{H_2}——折旧年限内氢气总产量（kg）。

加氢站氢气采购价格（制氢厂氢气销售价格）可由式（7-2）表示。

$$p_s = p_c \times (1+\eta) \qquad (7-2)$$

式中：p_s——制氢厂单位质量氢气销售价格（CNY/kg）；p_c——制氢厂单位质量氢气制取成本（CNY/kg）；η——制氢厂设定的利润率（%）。

2）加氢站氢气储运成本计算模型

若加氢站采用自购设备来运输氢气，则年氢气运输成本主要包括年度固定设备（车头、长管拖车及钢瓶）折旧成本、能耗成本、人工及运维成本等，因而加氢站年氢气储运成本可由式（7-3）表示。

$$C_t = C_{tq} + C_{to} + C_{th} + C_{tm} \qquad (7-3)$$

式中：C_t——加氢站年氢气储运成本（CNY）；C_{tq}——固定设备年折旧成本（CNY）；C_{to}——储运年能耗成本（CNY）；C_{th}——年人工成本（CNY）；C_{tm}——年运维成本（CNY）。

加氢站单位质量氢气储运成本见式（7-4）。

$$p_t = \frac{C_t}{M_{H_2}} \qquad (7-4)$$

式中：p_t——加氢站单位质量氢气储运成本（CNY/kgH$_2$）；C_t——加氢站年

氢气储运成本（CNY）；M_{H_2}——加氢站年储运氢气量（kg）。

若加氢站采用租赁设备来储运氢气,则加氢站年氢气储运成本 C_t 包括长管拖车的运输费用和租赁费用两部分,运输费用一般按照 CNY/km 为单位进行计算,且计算空车驶回距离,租赁费用一般按照 CNY/d 为单位进行计算。

3）加氢站加注成本计算模型

加氢站加注成本可分为加氢站固定资产年折旧成本和加氢站年运营成本两个部分。其中,加氢站固定资产年折旧成本计算公式见式(7-5)。

$$C_d = \frac{C_e \times (1 - \gamma)}{N_e} \tag{7-5}$$

式中：C_d——加氢站固定资产年折旧成本（CNY）；C_e——加氢站固定资产成本（CNY）；γ——残值率（%）；N_e——设备折旧年限。

加氢站年运营成本计算模型为式(7-6)。

$$C_o = C_{oe} + C_{om} + C_{or} + C_{oh} + C_{os} \tag{7-6}$$

式中：C_o——加氢站年运营成本（CNY）；C_{oe}——年电力使用成本（CNY）；C_{om}——加氢站年维护成本（CNY）；C_{or}——加氢站年用地租金（CNY）；C_{oh}——人力成本（CNY）；C_{os}——加氢站保险费用（CNY）。

因此,加氢站单位质量氢气加注成本见式(7-7)。

$$p_m = \frac{C_d + C_o}{W_{H_2}} \tag{7-7}$$

式中：p_m——加氢站单位质量氢气加注成本（CNY/kg）；C_d——加氢站固定资产年折旧成本（CNY）；C_o——加氢站年运营成本（CNY）；W_{H_2}——加氢站年加注氢气量(采用长管拖车运输高压氢气的加氢站此数值可约等于加氢站年运输氢气量 M_{H_2})（kg）。

4）加氢站氢气总成本计算模型

氢气总成本为单位质量氢气销售价格、氢气储运成本和氢气加注成本之和,见式(7-8)。

$$p = p_s + p_t + p_m \tag{7-8}$$

式中：p——加氢站单位质量氢气总成本（CNY/kg）；p_s——制氢厂单位质量氢气销售价格（CNY/kg）；p_t——加氢站单位质量氢气储运成本（CNY/kg）；p_m——加氢站单位质量氢气加注成本（CNY/kg）。

7.2 典型城市加氢站氢气总成本分析

张家口、郑州、盐城、佛山是我国率先开展燃料电池汽车示范的一批城市，城市大力发展氢能产业，梳理区域制氢资源，加速推进加氢站建设。由于这4个城市分别地处北方、中原、东南沿海和珠三角地区，城市内某加氢站的氢气来源可分别为电解水制氢、氯碱工业副产氢提纯和丙烷脱氢，在地域和制氢来源方面极具代表性。因此，选择张家口、郑州、盐城、佛山的典型加氢站作为代表，以单位质量氢气总成本为指标对加氢站氢气成本进行考量，应用上述经济性计算模型，得到4个典型加氢站的氢气成本并进行对比分析。经企业调研证实，该模型计算得出的加氢站氢气总成本能基本反映出该加氢站的氢能经济性，对加氢站的氢能经济性评估具有一定的借鉴和参考意义。

根据表7-1中数据可知，由于氢气来源、储运距离、应用端市场规模等现实条件不同，加氢站的氢能经济性具有很大差异性，张家口和郑州加氢站氢气总成本低于40 CNY/kg，10%利润下氢气售价41~43 CNY/kg；而盐城和佛山某加氢站氢气总成本较高，10%利润下氢气售价达到了100 CNY/kg以上。其中，在氢气采购价格方面，张家口某加氢站的氢气来源于风电电解水制氢厂，制氢厂用电采用政府给予的优惠电价后制氢成本大幅降低，因此张家口某加氢站氢气采购价格与其他城市氢气来源于工业副产氢提纯制氢的加氢站差距不大。在氢气储运成本方面，其主要受运输距离、氢气有效装卸量影响，张家口某加氢站氢气运输距离<30 km，郑州某加氢站氢气运输距离约120 km，盐城和佛山某加氢站氢气运输距离均在200 km以上且加氢站装卸氢气效率较低，因此盐城和佛山某加氢站的氢气储运成本相较张家口和郑州大幅提升。在氢气加注成本方面，其主要受氢气加注量影响，由于盐城燃料电池汽车数量较少，因此加氢站氢气加注量较低，氢气加注成本很高。

表7-1　典型城市加氢站氢气总成本汇总表　　　　　单位：CNY/kg

参　数	张家口某加氢站	郑州某加氢站	盐城某加氢站	佛山某加氢站
制氢方式	电解水制氢	氯碱工业副产氢提纯	氯碱工业副产氢提纯	丙烷脱氢
氢气采购价格	27.12	20.04	26.32	24.75
氢气储运成本	3.70	6.64	31.81	28.98

参　　数	张家口某加氢站	郑州某加氢站	盐城某加氢站	佛山某加氢站
氢气加注成本	7.12	12.48	129.1	37.75
加氢站氢气总成本	37.94	39.16	187.23	91.48
氢气售价（10%利润下）	41.73	43.08	205.95	100.63

7.3　示范区域制氢资源分析

近年来,我国京津冀、中原、长三角、珠三角区域大力推动氢能与燃料电池汽车产业的发展,鼓励加氢站建设和燃料电池汽车示范运行。各示范区域工业基础雄厚,氢气资源可来源于化石能源制氢、工业副产氢提纯制氢、电解水制氢等多个方面。现阶段,各示范区域内加氢站的氢气来源主要来自工业副产氢提纯制氢和电解水制氢。

中国是全球第一产氢大国,2020年工业制氢产量为 2.5×10^7 t;同时,中国也是全球最大的工业副产氢国家,各类工业副产氢的可回收总量可达 1.5×10^9 m^3,能实现工业副产氢的充分回收、提纯和利用,可为发展氢能在交通领域的应用提供保障。但是,目前我国电解水制氢产能占比较低,根据我国推进“碳达峰”“碳中和”的政策和措施,要积极探索低成本氢源开发,主张充分利用示范区域内的可再生能源,极力推动低碳、环保的可再生能源发电-电解水制氢等“绿氢”的生产和应用。

在可再生能源分布和利用方面,京津冀地区拥有丰富的风能、太阳能等可再生能源资源。其中,张家口作为国家级可再生能源示范区,是京津冀地区风能和太阳能资源最丰富的地区之一,截至2020年10月,张家口可再生能源装机规模达到 1.764×10^7 kW,非水可再生能源规模位居全国第一。位处中原地区的河南省是农业和畜牧业大省,秸秆等生物质原料可采用热化学法、生物法等多种生物质制氢技术进行氢气生产。长三角地区可再生能源丰富,其中盐城海上风电资源丰富,近海100 m高度年平均风速超过7.6 m/s,远海接近8 m/s,是全省乃至全国海上风电开发建设条件最好的区域之一,也是“海上三峡”的主战场。珠三角地区在政策的鼓励下,以风电、太阳能和生物质为主的可再生能源发电装机容量迅速增长,并逐步开展制氢项目,增加区域“绿氢”供应比例。各示范区域应利用可再生能源资源优势,积极推动可再生能源发电-水电解制氢、生物质制氢项目等,保障氢能与燃料电池汽车产业应用示范和长远发展的氢气来源。

7.4 低成本氢源案例

根据京津冀、中原、长三角、珠三角区域可再生能源和加氢站建设运行情况,以京津冀地区张家口某加氢站为案例,详细分析氢气来源于风电电解水制氢的加氢站成本,探索加氢站氢气成本低于 40 CNY/kg 的可行性。

在张家口某加氢站示范运行前期,氢源供应从北京、内蒙古、河北等外地采购,主要包含电解水制氢、氯碱工业副产氢提纯制氢等方式,氢气综合成本约 70 CNY/kg,氢源成本相对较高;当张家口某风电制氢厂投产运行后,张家口某加氢站实现氢源本地供应,多个环节成本大幅下降。

1)电解水制氢成本

张家口某制氢厂占地面积 10 000 m²,采用碱性电解槽技术,产能为 2 000 m³/h,全年按 8 000 h 运行,年产氢气 1 400 t。电解水制氢工艺流程如图 7-1 所示。

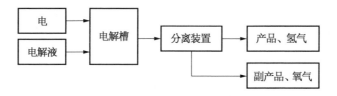

图 7-1 电解水制氢工艺流程

为测算电解水制氢成本,将总成本分为固定资产折旧成本、原料成本、人力成本、能耗成本(含制取、压缩环节)、其他成本等,在政府协议优惠电价(风力发电)为 0.19 CNY/(kW·h)时,制氢厂每年总成本为 $3.797\ 21×10^7$ CNY,单位质量氢气制取成本为 27.12 CNY/kg。

2)氢气储运与加注成本

目前,张家口某加氢站的氢能供应链已实现本地生产和消纳,由于是超短距离运输,储运费用按次计,约 1 000 CNY/次,单次储运氢气有效装卸量约 270 kg,单位质量氢气储运成本为 3.7 CNY/kg。

加氢站加注压力 35 MPa,加注能力 1 500 kg/d,全年运营,年氢气加注量约 547 000 kg,加氢站年设备折旧和运营总成本(不计购入氢气的费)为 $3.897×10^6$ CNY,单位质量氢气加注成本为 7.12 CNY/kg。

3)张家口某加氢站氢气总成本

综合张家口某加氢站氢气制储运加多个环节的成本(表 7-2),如不计氢制氢环节的利润,则加氢站氢气总成本为37.94 CNY/kg;如计入制氢环节的利润（如10%利润率）,则加氢站氢气总成本为40.65 CNY/kg。另外,如果是站内制氢的供应方案,可节省3.7 CNY/kg的氢气储运费用,即加氢站氢气总成本可降至34.24 CNY/kg(不含制氢利润)和36.95 CNY/kg(含10%制氢利润)。从图7-2各环节成本占比(含储运)可以看出,氢气采购端占比最大,约70%以上,其次是加注端(约20%)和储运端(约10%)。由此可见,低成本氢源开发对于降低加氢站氢气成本具有重要意义。

表7-2 张家口某加氢站氢气总成本分析   单位：CNY/kg

费 用 组 成	金额(不含制氢利润)	金额(制氢利润率10%)
氢气采购成本	27.12	29.83
氢气储运成本	3.7	3.7
氢气加注成本	7.12	7.12
加氢站总成本		
无储运	34.24	36.95
含储运	37.94	40.65
加氢站售价(10%利润)		
无储运	37.66	40.64
含储运	41.73	44.72

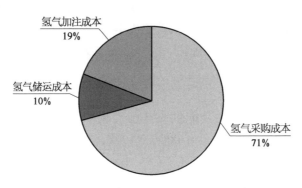

图7-2 张家口某加氢站各环节成本占比(不含制氢利润)

张家口某加氢站氢气总成本组成具有两个特点：风电电解水制氢采用相对较低的协议优惠电价,一定程度上降低了氢气制取成本,若按非协议价[0.39 CNY/(kW·h)],则氢气制取环节成本将增加12.32 CNY/kg,使加氢站氢气总成本增加 30% 以上;由于氢气是本地生产及消纳,储运费用相对较低,如从北京输运氢气至张家口某加氢站,则氢气储运环节将增加 13.5 CNY/kg 以上,使加氢站氢气总成本大幅增加。

未来,张家口某加氢站氢气的降本空间在于规模效应:张家口某制氢厂二期规划产能为 20 t/d,氢气采购成本将减少约 7.50 CNY/kg;长管拖车储罐压力由 20 MPa 提升至 30 MPa,氢气有效装卸量增至 450 kg,氢气储运成本将减少约 1.50 CNY/kg;加氢站加注能力 1 500 kg/d 提升至 2 500 kg/d,考虑新增设备的投入,氢气加注成本将减少约 1.30 CNY/kg。

综上,未来五年内,张家口某加氢站氢气总成本有望下降 25%,控制在 28~30 CNY/kg,氢能经济性大幅提升。

7.5 氢能经济性提升

以 12 m 城市公交车为例,燃料电池公交车平均百公里耗氢量为 7 kg,传统燃油公交车百公里油耗 30~35 L,以 2022 年 4 月 11 日柴油价格 8.49 CNY/L 为参考,得出车用氢气价格(即加氢站氢气售价)在 36~43 CNY/kg 时,燃料电池公交车百公里燃料成本才与传统燃油公交车相当。因此,从燃料角度,当加氢站按利润率 10% 计时,只有加氢站氢气成本降至 40 CNY/kg 以下时,燃料电池汽车与传统燃油汽车相比才具有经济性和竞争性。因而,为促进氢能与燃料电池汽车产业的快速发展,未来行业需要进一步降低加氢站氢气成本,以提升氢能经济性。

降低加氢站氢气成本的路径主要在降低氢气制取成本、氢气储运成本、加氢站固定资产折旧及运营成本等三个方面,具体如下。

(1) 降低氢气制取成本主要需降低制氢能耗成本和固定资产折旧成本,探索低成本氢气来源,如充分利用波谷电、弃风弃光等可再生能源发电等降低电价,进一步降低电解水制氢成本;提高制氢设备国产化率以降低固定资产折旧费用等。

(2) 降低氢气储运成本主要采用缩短运输距离和提高氢气有效装卸量这两种方式。其中,提高氢气有效装卸量可采用提升长管拖车高压储氢罐压力并降低长管拖车余气量的方法,同时探索液氢、液氨、甲醇等其他高效氢气储运手段。

(3) 在降低加氢站固定资产折旧及运营成本方面,加氢站需提高加氢站设备国产化率,降低加氢站建设成本;同时,通过扩大燃料电池汽车运行规模从而增加加氢站的氢气年采购量,以进一步降低加氢站的运营成本。

　　综上所述,虽然现阶段氢气成本普遍较高,但其降低成本的路径长期可行。因此,未来加氢站的氢气成本可以控制在 40 CNY/kg 以内,长期来看,有望控制在 25 CNY/kg 以内,氢能经济性有待提升。

参考文献

［1］ 国家发展和改革委员会,国家能源局.氢能产业发展中长期规划(2021—
2035 年)[J].石油和化工节能,2022,(3)：13.

［2］ 中国工程科技知识中心."十四五"规划中的氢能(30 个省级行政区)
[J].河南科技,2021,40(24)：1－4.

［3］ 程文姬,赵磊,郗航,等."十四五"规划下氢能政策与电解水制氢研究
[J].热力发电,2022,51(11)：181－188.

［4］ 国务院.《2030 年前碳达峰行动方案》[J].石油化工建设,2021,43
(06)：148.

［5］ 国家发展和改革委员会.《"十四五"全国清洁生产推行方案》主要任务
和重点工程[J].工业炉,2022,44(03)：19.

［6］ 国务院国有资产监督管理委员会.《关于推进中央企业高质量发展做好
碳达峰碳中和工作的指导意见》[J].招标采购管理,2022,(01)：8.

［7］ 工业和信息化部."十四五"工业绿色发展规划[J].上海环境科学,
2021,40(6)：265－276.

［8］ 中国工程科技知识中心."十四五"规划中的氢能(30 个省级行政区)
[J].河南科技,2021,40(24)：4.

［9］ 曾静,陈铭韵,孟翔宇.各国争抢氢能产业制高点[J].中国石化,2022,
(05)：66－71.

［10］ 陈宇,张小玉,张荣沛.中国氢能产业链现状及前景展望[J].新型工业
化,2021,11(4)：176－180,182.

［11］ 万联证券.《2019 年氢能产业链深度报告》[Z].

［12］ 洪虹,章斯淇.氢能源产业链现状研究与前景分析[J].氯碱工业,2019,
55(9)：1－9.

[13] 俞红梅,衣宝廉.电解制氢与氢储能[J].中国工程科学,2018,20(3):58-65.

[14] 《2019年氢能源产业发展分析报告》[Z].

[15] 中国储能网新闻中心.氢能产业链深度报告:制氢、运氢和加氢站建设[Z].2020.

[16] 方略.全国两会代表呼吁氢能顶层设计鸿达兴业率先投产首条民用液氢生产线[Z].中国网创新中国,2020.

[17] 孟翔宇,顾阿伦,邬新国,等.中国氢能产业高质量发展前景[J].科技导报,2020,38(14):77-93.

[18] Hermesmann M, Müller T E. Green, Turquoise, Blue, or Grey? Environmentally friendly Hydrogen Production in Transforming Energy Systems[J]. Progress in Energy and Combustion Science, 2022, 90.

[19] Vickers N J. Animal communication: when i'm calling you, will you answer too? [J]. Current biology, 2017, 27(14): R713-R715.

[20] Han Y-F, Kahlich M, Kinne M, et al. Kinetic study of selective CO oxidation in H 2-rich gas on a Ru/γ-Al$_2$O$_3$ catalyst[J]. Physical Chemistry Chemical Physics, 2002, 4(2): 389-397.

[21] Ming Q, Healey T, Allen L, et al. Steam reforming of hydrocarbon fuels [J]. Catalysis today, 2002, 77(1-2): 51-64.

[22] Thormann J, Pfeifer P Schubert K, et al. Reforming of diesel fuel in a micro reactor for APU systems[J]. Chemical Engineering Journal, 2008, 135: S74-S81.

[23] Karatzas X, Jansson K, Dawody J, et al. Microemulsion and incipient wetness prepared Rh-based catalyst for diesel reforming[J]. Catalysis today, 2011, 175(1): 515-523.

[24] 周琦,郭瓦力,任洪宝,等.PtLiLa/γ-Al$_2$O$_3$催化剂上柴油水蒸气重整制氢实验研究[J].石油炼制与化工,2009,(1):39-42.

[25] Martin S, Kraaij G, Ascher T, et al. Direct steam reforming of diesel and diesel-biodiesel blends for distributed hydrogen generation[J]. International Journal of Hydrogen Energy, 2015, 40(1): 75-84.

[26] Bozdag A A, Kaynar A D, Dogu T, et al. Development of ceria and tungsten promoted nickel/alumina catalysts for steam reforming of diesel[J]. Chemical Engineering Journal, 2019, 377: 120274.

[27] Chmielniak T, Czepirski L, Gazda-Grzywacz M. Carbon footprint of the

hydrogen production process utilizing subbituminous coal and lignite gasification [J]. Journal of Cleaner Production, 2016.

[28] 李家全,刘兰翠,李小裕,等. 中国煤炭制氢成本及碳足迹研究[J]. 中国能源,2021.

[29] 袁斌,潘建欣,王傲,等. 燃料电池用柴油重整制氢技术现状与展望[J]. 化工进展,2020,39(S1):107-115.

[30] 刘思明,石乐. 碳中和背景下工业副产氢气能源化利用前景浅析[J]. 中国煤炭,2021,47(6):4.

[31] 张定明,江泳. 氢能离氯碱行业还有多远[J]. 氯碱工业,2021,57(2):7.

[32] 曹富财. 大规模焦炉气变压吸附制氢研究[J]. 化工管理,2015,(32):1.

[33] Wang S, Yin S, Li L, et al. Investigation on modification of Ru/CNTs catalyst for the generation of CO_x-free hydrogen from ammonia[J]. Applied Catalysis B: Environmental, 2004, 52(4):287-299.

[34] Shiva Kumar S, Ramakrishna S, Bhagawan D, et al. Preparation of RuxPd1-xO$_2$ electrocatalysts for the oxygen evolution reaction(OER) in PEM water electrolysis[J]. Ionics, 2018, 24(8):2411-2419.

[35] 张从容. 能源转型中的电解水制氢技术发展方向与进展[J]. 石油石化绿色低碳,2021,6(04):1-4,16.

[36] Jang I, Im K, Shin H, et al. Electron-deficient titanium single-atom electrocatalyst for stable and efficient hydrogen production[J]. Nano Energy, 2020, 78:105151.

[37] Lewinski K A, van der Vliet D, Luopa S M. NSTF advances for PEM electrolysis-the effect of alloying on activity of NSTF electrolyzer catalysts and performance of NSTF based PEM electrolyzers[J]. Ecs Transactions, 2015, 69(17):893.

[38] Hui X, Willey J, Mccallum T, et al. V. F. 11 Ionomer Dispersion Impact on Advanced Fuel Cell and Electrolyzer Performance and Durability[J].

[39] Xie Z, Yu S, Yang G, et al. Ultrathin platinum nanowire based electrodes for high-efficiency hydrogen generation in practical electrolyzer cells[J]. Chemical Engineering Journal, 2021, 410:128333.

[40] Cheng Q, Hu C, Wang G, et al. Carbon-defect-driven electroless deposition of Pt atomic clusters for highly efficient hydrogen evolution[J]. Journal of the American Chemical Society, 2020, 142(12):5594-5601.

[41] Siracusano S, Van Dijk N, Payne-Johnson E, et al. Nanosized IrOx and

IrRuOx electrocatalysts for the O_2 evolution reaction in PEM water electrolysers[J]. Applied Catalysis B: Environmental, 2015, 164: 488 – 495.

[42] Zhao S, Stocks A, Rasimick B, et al. Highly active, durable dispersed iridium nanocatalysts for PEM water electrolyzers [J]. Journal of the Electrochemical Society, 2018, 165(2): F82.

[43] Zhou L, Chen H, Jiang X, et al. Modification of montmorillonite surfaces using a novel class of cationic gemini surfactants[J]. Journal of colloid and interface science, 2009, 332(1): 16 – 21.

[44] Yang S, Gao M, Luo Z, et al. The characterization of organo-montmorillonite modified with a novel aromatic-containing gemini surfactant and its comparative adsorption for 2-naphthol and phenol[J]. Chemical Engineering Journal, 2015, 268: 125 – 134.

[45] Liu Y, Shen X, Xian Q, et al. Adsorption of copper and lead in aqueous solution onto bentonite modified by 4′-methylbenzo-15-crown-5[J]. Journal of hazardous materials, 2006, 137(2): 1149 – 1155.

[46] Han G, Han Y, Wang X, et al. Synthesis of organic rectorite with novel Gemini surfactants for copper removal[J]. Applied surface science, 2014, 317: 35 – 42.

[47] 纪钦洪,徐庆虎,于航,等. 质子交换膜水电解制氢技术现状与展望[J]. 现代化工,2021.

[48] Ayers K E, Renner J N, Danilovic N, et al. Pathways to ultra-low platinum group metal catalyst loading in proton exchange membrane electrolyzers[J]. Catalysis Today, 2016: 262.

[49] Kang Z, Mo J, Yang G, et al. Investigation of thin/well-tunable liquid/gas diffusion layers exhibiting superior multifunctional performance in low-temperature electrolytic water splitting[J]. Energy & Environmental ence, 2016, 10(1): 166 – 175.

[50] Liu Y, Gao M, Gu Z, et al. Comparison between the removal of phenol and catechol by modified montmorillonite with two novel hydroxyl-containing Gemini surfactants [J]. Journal of Hazardous Materials, 2014, 267: 71 – 80.

[51] Yang Q, Gao M, Luo Z, et al. Enhanced removal of bisphenol A from aqueous solution by organo-montmorillonites modified with novel Gemini

pyridinium surfactants containing long alkyl chain[J]. Chemical Engineering Journal, 2016, 285: 27-38.

[52] Zeng H, Gao M, Shen T, et al. Organo silica nanosheets with gemini surfactants for rapid adsorption of ibuprofen from aqueous solutions[J]. Journal of the Taiwan Institute of Chemical Engineers, 2018, 93: 329-335.

[53] Wu T, Zhang W, Li Y, et al. Micro-/Nanohoneycomb Solid Oxide Electrolysis Cell Anodes with Ultralarge Current Tolerance[J]. Advanced Energy Materials, 2018, 8(33): 1802203.

[54] Jensen S H, Larsen P H, Mogensen M. Hydrogen and synthetic fuel production from renewable energy sources[J]. International Journal of Hydrogen Energy, 2007, 32(15): 3253-3257.

[55] 张文强, 于波. 高温固体氧化物电解制氢技术发展现状与展望[J]. 电化学, 2020, 26(2): 18.

[56] 孙鹤旭, 李争, 陈爱兵, 等. 风电制氢技术现状及发展趋势[J]. 电工技术学报, 2019, 34(19): 13.

[57] 舟丹. 我国建成首座利用可再生能源制氢的 70 MPa 加氢站[J]. 中外能源, 2017, 22(8): 1.

[58] 张长令. 国外氢能产业导向, 进展及我国氢能产业发展的思考[J]. 中国发展观察, 2020, (1): 4.

[59] Sethuraman L, Vijayakumar G. A New Shape Optimization Approach for Lightweighting Electric Machines Inspired by Additive Manufacturing[R]: National Renewable Energy Lab.(NREL), Golden, CO(United States), 2022.

[60] 颜畅, 黄晟, 屈尹鹏. 面向碳中和的海上风电制氢技术研究综述[J]. 综合智慧能源, 2022, 44(5): 11.

[61] Mao Y, Gao Y, Dong W, et al. Hydrogen production via a two-step water splitting thermochemical cycle based on metal oxide-A review[J]. Applied energy, 2020, 267: 114860.

[62] Ewan B, Allen R. Limiting thermodynamic efficiencies of thermochemical cycles used for hydrogen generation[J]. Green Chemistry, 2006, 8(11): 988-994.

[63] Rivera-Tinoco R, Bouallou C. Using biomass as an energy source with low CO_2 emissions[J]. Clean Technologies and Environmental Policy, 2010, 12(2): 171-175.

［64］ Yang F, Meerman H, Faaij A. Harmonized comparison of virgin steel production using biomass with carbon capture and storage for negative emissions［J］. International Journal of Greenhouse Gas Control, 2021, 112: 103519.

［65］ Puig-Arnavat M, Bruno J C, Coronas A. Review and analysis of biomass gasification models［J］. Renewable and sustainable energy reviews, 2010, 14(9): 2841 - 2851.

［66］ 张晖,刘昕昕,付时雨. 生物质制氢技术及其研究进展［J］. 中国造纸, 2019,38(7): 68 - 74.

［67］ Xu X, Zhou Q, Yu D. The future of hydrogen energy: Bio-hydrogen production technology［J］. International Journal of Hydrogen Energy, 2022, 47(79): 33677 - 33698.

［68］ 李建林,梁忠豪,梁丹曦,等. "双碳"目标下绿氢制备及应用技术发展现状综述［J］. 分布式能源,2021,6(4): 9.

［69］ 刘翠伟,裴业斌,韩辉,等. 氢能产业链及储运技术研究现状与发展趋势［J］. 油气储运,2022,41(5): 17.

［70］ 李璐伶,樊栓狮,陈秋雄,等. 储氢技术研究现状及展望［J］. 储能科学与技术,2018,7(4): 9.

［71］ 杨文刚,李文斌,林松,等. 碳纤维缠绕复合材料储氢气瓶的研制与应用进展［J］. 玻璃钢/复合材料,2015,(12): 6.

［72］ 陈虹港. 70 MPa 复合材料氢气瓶液压疲劳试验装置及压力和温度控制方法研究［D］. 浙江大学,2014.

［73］ 张志芸,张国强,刘艳秋,等. 车载储氢技术研究现状及发展方向［J］. 油气储运,2018,37(11): 6.

［74］ Niermann M, Beckendorff A, Kaltschmitt M, et al. Liquid Organic Hydrogen Carrier(LOHC) — Assessment based on chemical and economic properties ［J］. International Journal of Hydrogen Energy, 2019, 44(13): 6631 - 6654.

［75］ Fukai Y. The metal-hydrogen system: basic bulk properties［M］. Springer Science & Business Media, 2006.

［76］ 房子琪,李蕾,赵素丽,等. 氢气管道储运系统经济优化分析［J］. 山东化工,2022,(051 - 011).

［77］ 周承商,黄通文,刘煌,等. 混氢天然气输氢技术研究进展［J］. 中南大学学报(自然科学版),2021,52(1): 31 - 43.

[78] Haeseldonckx D, D'Haeseleer W. The use of the natural-gas pipeline infrastructure for hydrogen transport in a changing market structure[J]. International Journal of Hydrogen Energy, 2007, (10).

[79] 王玮,王秋岩,邓海全,等.天然气管道输送混氢天然气的可行性[J].天然气工业,2020,40(3):130-136.

[80] Sasaki K, Li H W, Hayashi A, et al. Hydrogen Energy Engineering[J]. Springer Japan, 2016, 10.1007/978-4-431-56042-5.

[81] 胡庆松.氢燃料电池的研究进展[J].汽车实用技术,2017,21:3.

[82] Ferriday T B, Middleton P H. Alkaline Fuel Cells, Theory and Applications [M]. Comprehensive Renewable Energy. 2022:166-231.

[83] 孙百虎.磷酸燃料电池的工作原理及管理系统研究[J].电源技术,2016, 40(5):1027-1028.

[84] 张俊喜,徐娜,魏增福.磷酸燃料电池催化剂在运行中的形态变化[J].上海电力学院学报,2006,22(1):75-78.

[85] Peng S P. Current status of national integrated gasification fuel cell projects in China[J]. International Journal of Coal Science & Technology, 2021, 8: 327-334.

[86] Jiang S P, Chan S H. A review of anode materials development in solid oxide fuel cells[J]. J Mater Sci, 2004, 39:4405-4439.

[87] A Atkinson, S A Barnett, R J Gorte, et al. Advanced anodes for high-temperature fuel cells[J]. Nature Materials, 2004, 3:17-27.

[88] 胡亮,杨志宾,熊星宇,等.我国固体氧化物燃料电池产业发展战略研究 [J].中国工程科学,2022,24(3):118-126.

[89] 刘应都,郭红霞,欧阳晓平.氢燃料电池技术发展现状及未来展望[J].中国工程科学,2021,23(4):162-171.

[90] Chen Q, Niu Z Q, Li H K. Recent progress of gas diffusion layer in proton exchange membrane fuel cell: Two-phase flow and material properties[J]. International Journal of Hydrogen Energy, 2021, 46(12):8640-8671.

[91] 中国氢能联盟.中国氢能源及燃料电池产业白皮书[R].北京:中国氢能联盟,2019.

[92] 侯绪凯,赵田田,孙荣峰,等.中国氢燃料电池技术发展及应用现状研究 [J].技术应用与研究,2022,17:112-117.

[93] 王平,黄小枫.燃料电池汽车混合动力系统参数匹配与优化[J].上海汽车,2010,10(3):7-11.

[94] 殷卓成,王贺,段文益,等.氢燃料电池汽车关键技术研究现状与前景分析[J].现代化工,2022,42(10):18-23.

[95] 高助威,李小高,刘钟馨,等.氢燃料电池汽车的研究现状及发展趋势[J].材料导报,2022,36(14):21060046-1-8.

[96] 徐自亮,余英,李力.氢燃料电池应用进展[J].中国基础科学,2018,20(2):7-17.

[97] M D. Fuel Cells Debut[J]. Aviation Week & Space Technology, 2003, 158(22).

[98] 李文杰,张纯学.美海军研究燃料电池推进的无人机[J].飞航导弹,2006,5:30.

[99] Baldic J, Osenar P, N L. Fuel Cell Systems for Long Duration Electric UAVs and UGVs [Z]. Orlando:SPIE-The International Society for Optical Engineering, 2010.

[100] Lapena-Rey N, Mosquera J, E B. First Fuel-Cell Manned Aircraf[J]. Journal of Aircraft, 2010, 47(6):1825-1835.

[101] Chiang C, Herwerth, M M. Systems Integration of a Hybrid PEM Fuel Cell/Battery Powered Endurance UAV[Z]. Reno:46 th AIAA Aerospace Sciences Meetingand Exhibit, 2008.

[102] Bradley T, Moffiu B, D M. Development and Experimental Characterization of a Fuel Cell Powered Aircraft[J]. Journal of Power Sources, 2007, 171(2):793-801.

[103] Lee B, Park P, C K. Power Managements of a Hybrid Electric Propulsion System for UVAs [J]. Journal of Mechanical Science and Technology, 2012, 26(8):2291-2299.

[104] None. Lockheed Martin Ruggedized UAS Uses AMI Fuel Cell Power[J]. Fuel Cells Bulletin, 2011, 9:4.

[105] Roessler C, Schoemann J, H B. Aerospace Application of Hydrogen and Fuel Cells[Z]. Essen:18th World Hydrogen Conference, 2010.

[106] None. Boeing Fuel Cell Plane in Manned Aviation First[J]. Fuel Cells Bulletin, 2008, 4:1.

[107] 世界首架氢燃料电池 EVTOL 载人飞机亮相[Z].2019.

[108] 小城.中国首架碳纤材料结构燃料电池动力无人机试飞[J].航空制造技术,2012,16:18-24.

[109] 张晓辉.燃料电池混合动力无人机能量管理研究[D].北京:北京理工

大学,2018.

[110] 佚名.高山雨燕,载誉而归! [Z].2019.

[111] 佚名.从标准、项目以及产品盘点,中国氢燃料电池无人机发展现状 [Z].2020.

[112] 戴月领.基于模型预测的燃料电池无人机能量管理策略研究[D].北京:北京理工大学,2019.

[113] 佚名.新源创能研发了一款六旋翼氢燃料电池无人机[Z].2020.

[114] 郑志国,王宇峰.随机振动中的参数介绍及计算方法[J].电子产品可靠性与环境试验,2009,27(6):45-48.

[115] 曹龙生,蒋尚峰,秦晓平.单分散的超小PtCu合金的制备及其氧还原电催化性能[J].中国科学:化学,2017,47:683-691.

[116] Zhang H J, Zeng Y C, S C L. Enhanced electrocatalytic performance of ultrathin PtNi alloy nanowires for oxygen reduction reaction [J]. Fronts Energy, 2017, 11(3):260-267.

[117] Fu Y, Lin G Q, M H. Carbon-based films coated 316L stainless steel as bipolar plate for proton exchange membrane fuel cells [J]. Hydrogen Energy, 2009, 34:405-409.

[118] Zhang H B, Lin G Q, M H. CrN/Cr multilayer coating on 316L stainless steel as bipolar plates for proton exchange membrane fuel cells[J]. Journal of Power Sources, 2012, 198:176-181.

[119] 彭志平,赵庆敏,邓小文.M701F3型燃气轮机降低NOx排放技术措施探讨[J].广东电力,2014,27(7):20-25.

[120] MOLIERE M, N H. Hydrogen-fueled gas turbines:experience and prospects [Z]. Power-Gen Asia 2004. Bangkok, Thailand, 2004.

[121] Verda V., F. N. Thermodynamic and economic optimization of a MCFC-based hybrid system for the combined production of electricity and hydrogen [J]. Int J Hydrog Energy, 2010, 35:794-806.